Gunther Greßmann / Paul Herberstein

Steinwild

Fibel

Österreichischer Jagd- und Fischerei-Verlag

Alle Fotos: Gunther Greßmann,
ausgenommen S. 95 Mitte und unten (Armin Deutz)
Zeichnungen: Hubert Zeiler

Verlagsassistenz und Sekretariat: Angela Herzkreuz-Pleyel
Vertriebsleitung: Hermann „Bezoar-Pepe" Striednig

Allmächtiger: Michael Sternath
wassadamhawnydaysindatvariendomuch – alas!

Repro: Blaupapier, Wien (Gernot „Steiny" Weninger)

Gesamtherstellung: Druckerei Theiss, Sankt Stefan im Lavanttal

ISBN 978-3-85208-130-4

Vorwort

Der Steinbock ist der König der Alpen. Sein Haupt schmückt ein mächtiger Aufsatz aus Horn, und majestätisch zieht er seine Fährte hoch oben zwischen den Graten.

Doch das herrschaftliche Bild trügt: Der König lebt in einem Exil. Die unwirtliche Bergwelt Mitteleuropas ist nichts anderes als ein letztes klimatisches Rückzugsgebiet, um überleben zu können. Und die steile Felslandschaft entspricht zwar den Lebensbedürfnissen, ist aber symbolhaft zur Bastion für eine Wildart geworden, die über viele Jahrhunderte aus medizinischem Aberglauben und aus Jagdgier erbarmungslos verfolgt und fast ausgerottet wurde.

Das Steinwild, das heute wieder in freier Wildbahn in unseren Breiten lebt, ist weit mehr als nur ein nettes Relikt aus grauer Vorzeit. Es öffnet uns wie kaum eine andere Wildart die Augen. Mit seiner raumgreifenden Lebensweise, die noch weite Wanderungen und unterschiedliche Sommer- und Winterlebensräume kennt, offenbart es uns, dass wir mit engem, revierbegrenztem Denken der Natur niemals gerecht werden. Und schon gar nicht dem Steinwild selbst.

Daher ist diese Fibel bewusst etwas weiter gefasst. Sie ist nicht nur eine griffige Ansprechhilfe, sondern beleuchtet darüber hinaus historische Wurzeln, das atemberaubende Leben oberhalb der Baumgrenze und was sich dort im Jahreskreis so alles abspielt. Diese Fibel hat ihr Ziel erreicht, wenn Steinwild dank ihr nicht bloß richtig bejagt, sondern vor allem auch in seinem Wert geschätzt und verstanden wird.

Österreichischer Jagd- und Fischerei-Verlag

Inhalt

1. Grundsätzliches

Steinwild hatte in der Eiszeit vor rund 100.000 bis 10.000 Jahren seine größte Verbreitung in Europa. Es lebte damals vor allem in den Ebenen und war körperlich größer als heute. Erst mit Rückgang des Eises und zunehmender Erwärmung zog es sich in die Alpen zurück. Flächendeckend kam es hier aber nie vor.

Neben den veränderten klimatischen Bedingungen trug auch der Mensch dazu bei, dass die Steinwild-Bestände immer mehr zurückgingen. Zum einen war es die Jagd auf das begehrte Wildbret, aber auch medizinischer Aberglaube: Vom Horn bis zum Blut schrieb man dem Steinbock magische Heilkraft zu. Dazu kam, dass mit den ersten Schusswaffen im 15. und 16. Jahrhundert das nur wenig scheue Wild zur leichten Beute wurde. Strenge Winter sowie der zunehmende Konkurrenzdruck und Krankheiten durch gealpte Schafe und Ziegen ließen das Steinwild schließlich im 17. Jahrhundert in den Zentral- und Ostalpen gänzlich verschwinden. In den Westalpen schrumpfte der Bestand im 18. Jahrhundert auf nur ein paar Dutzend Tiere. Schließlich überlebten lediglich rund hundert Tiere im Schatten des 4.000 Meter hohen Gran Paradiso in Italien, die König Viktor Emanuel II. unter seinen persönlichen Schutz stellte. Da das dortige Steinwild der alleinige Stolz des italienischen Königs bleiben sollte, waren auf legalem Wege keine Tiere zu erhalten. Erst durch den Schmuggel von Kitzen 1906 durch Wilderer gelangte das Steinwild in die Schweiz. Dort begann man mit der Zucht, und von dort stammen auch fast alle Nachfahren ab, die später in anderen Alpengebieten ausgesetzt wurden.

Die ersten Ansiedlungen fanden in der Schweiz im Jahr 1911 im Gebiet der Grauen Hörner, in Österreich 1924 im Salzburger Blühnbachtal sowie in Deutschland 1944 in Berchtesgaden statt.

Danach wurden immer wieder neue Kolonien gegründet, in Österreich vor allem zwischen 1950 und 1985. Nicht immer war dabei der geeignete Lebensraum ausschlaggebend, sondern es kamen jene Gebiete zum Zug, in denen man sich die teuren Aussetzungen finanziell leisten konnte und wollte. Ein paar Aussetzungen waren allerdings schon deshalb zum Scheitern verurteilt, weil mit dem Verschwinden des Steinwildes auch viel Wissen über dieses Wild verloren gegangen war.

Heute leben wieder rund 45.000 Steinböcke in den Alpen: grob geschätzt je ein gutes Drittel davon in der Schweiz und Italien, der Rest verteilt sich auf Frankreich und Österreich sowie auf deutlich kleinere Vorkommen in Deutschland, Slowenien und Liechtenstein.

Lebensraum

Obwohl Steinwild als Symbol der Alpen gilt, ist die Wildart nicht sonderlich gut auf die schneereiche Zeit eingestellt. Das hohe Gewicht, gepaart mit den eher kurzen Läufen, lässt vor allem die schweren Böcke tief in den Schnee einsinken. Deshalb stellt Steinwild – etwa im Vergleich zum wesentlich leichteren Gams – höhere Ansprüche an den Lebensraum und stößt in seiner Ausbreitung rascher an naturgegebene Grenzen.

Wie sieht also ein idealer Steinbock-Lebensraum aus? Auf den einfachsten Nenner gebracht, bilden große zusammenhängende Bergrücken oberhalb der Waldgrenze das Herz von Steinwild-Lebensräumen. Wichtig in den von diesen Rücken abfallenden Hängen und Gräben sind neben einem hohen Felsanteil auch Vegetationsstreifen und natürliche alpine Grünflächen. Idealerweise sind im Steinwildgebiet viele Hänge von Südosten bis Westen ausgerichtet.

Wintereinstand

Bevorzugt für den Wintereinstand wird ein Lebensraum, der folgende Merkmale aufweist:

Südliche Ausrichtung

Hänge mit südlicher Ausrichtung garantieren im Winter höchste Sonneneinstrahlung. Dort schmilzt der Schnee rascher, und die darunterliegende Äsung wird frei oder kann vom Steinwild leichter freigeschlagen werden. Zudem nutzt das Wild im Winter sonnige Plätze, um gerade in der Früh dank der wärmenden Strahlen leichter den Stoffwechsel anzukurbeln. Auch der Wind kann den Tieren in die Karten spielen, wenn Rücken und Grate freigeweht werden und dort Äsung zugänglich wird.

Hangneigung

Idealerweise beträgt die Hangneigung um und über 40 Grad, da in solchen Gebieten – im Zusammenhang mit der sonnigen Lage – der Schnee rascher schmilzt oder von allein abrutscht, ohne dass dabei größere Lawinen entstehen. Damit fällt dem Steinwild in steilen Hängen nicht nur die Fortbewegung leichter, sondern auch das Freischlagen von Äsung.

Felsanteil

In Verbindung mit seiner Steilheit trägt der Fels als Wärmespeicher ebenso dazu bei, dass der Schnee nicht nur abrutscht, sondern auch rascher schmilzt. Außerdem flüchtet Steinwild bevorzugt in felsige Gebiete, die ihm gerade bei höheren Schneelagen einen sicheren Einstand bieten.

Waldfreiheit

Bei den ersten Schneefällen entdeckt man Steinwild vielleicht noch hie und da in lichteren Baumbeständen, weil die Äsung dort etwas länger zugänglich bleibt als im offenen Gelände. Mit steigender Schneedecke und zunehmender Dichte des Waldes meidet das Wild aber solche Gebiete, da der Schnee hier langfristig liegenbleibt und kaum abrutscht. Die Tiere suchen in felsdurchsetzten Bereichen aber sehr wohl bei einzelnen Bäumen oder Baumgruppen Schutz vor der Witterung.

Gerade beim Steinwild gibt es immer wieder Tiere, die sich nicht an die oben genannten „Spielregeln“ halten und sich im Winter in völlig anderen Gebieten aufhalten. Ein solches Verhalten erklärt sich oft durch kurzfristige Witterungssituationen, wie etwa eine geänderte Windrichtung oder extreme Temperaturschwankungen. Viele Verhaltensmuster gründen aber vielleicht auch bloß in Charaktereigenschaften und persönlichen Erfahrungen eines einzelnen Tieres.

Sommereinstand

Auch im Sommer stellt Steinwild hohe Ansprüche an den Lebensraum. Es bevorzugt abwechslungsreiches Gelände, das im Idealfall mosaikartig nach verschiedenen Himmelsrichtungen ausgerichtet ist. Zu den nach Südosten und Westen geneigten Gebieten kommen im Sommer auch schattige, nach Norden ausgerichtete Lagen dazu.

Für beide Geschlechter sind dabei – neben äsungsreichen Matten – felsige Einstände wichtig, die einerseits Ruhe garantieren und sich andererseits auch als Fluchtorte eignen. Gaisen suchen sich im Felsgebiet zudem ruhige, sichere Setzeinstände.

Im Hochsommer ist es gerade für die im Vergleich zu den Gaisen deutlich schwereren Böcke wichtig, nicht zu überhitzen. Steinwild hat nämlich kaum Schweißdrüsen. Daher braucht es entweder Höhenlagen oder schattige kühle Einstände. Bei den Böcken liegen die Tageseinstände daher im Sommer meist wesentlich höher als die Äsungseinstände. Oft ziehen sich die Tiere bereits vor Sonnenaufgang in diese Einstände zurück und verbringen die meiste Zeit bis zum Sonnenuntergang mit Liegen und Wiederkäuen.

Aufgrund der Klimaerwärmung kommt es bereits in einigen Kolonien dazu, dass sich auch Gaisen – ähnlich wie Böcke – im Sommer in immer höheren Lagen aufhalten. Eine solche Verhaltensänderung kann unter Umständen die Konkurrenz innerhalb der eigenen Art verschärfen.

Äsungsdauer und Wahl der Äsungsplätze sind im Sommer sehr witterungsabhängig. Schattige, kühle Einstände versprechen in der Regel später grünende Äsung, und daher sucht Steinwild diese Flächen bevorzugt ab dem Hochsommer auf.

Wanderungen der Böcke

Böcke wandern mitunter weit zwischen Sommer- und Wintereinständen. In großen, zusammenhängenden Lebensräumen sorgen diese Wanderungen – so sie nicht durch dicht bewaldete Täler oder menschliche Verbauung unterbunden werden – für einen wichtigen genetischen Austausch und sind Bindeglieder zwischen den eher kleinräumigen und langfristig genutzten Gaisen-Einständen.

Gaisenverbände sind meist über die Mutterlinie verwandt, was Traditionen erhält und sie im Vergleich zu den Böcken sehr standorttreu macht. Dazu kommt, dass Gaisen etwa zwischen Winterende und Setzzeit nur kurz Zeit bleibt, was große Wanderungen nicht wirklich erlaubt. Daher geben die Gaisen die Kerneinstände für das gesamte Steinwild vor und spielen so eine wichtige Rolle, wie sich das Steinwild im Lebensraum verteilt.

Böcke wandern im Großen und Ganzen auf drei Arten:

1. Wanderungen zwischen Sommer- und Wintereinstand

Mehrere Kilometer Luftlinie zwischen den Einständen sind dabei keine Seltenheit. Die Ganzjahresstreifgebiete von Böcken können deutlich über 10.000 Hektar liegen.

2. Wanderungen vor der Brunft

Es handelt sich dabei meist um Wanderungen von suchenden, geschlechtsreifen Böcken, die aber in der Regel noch nicht zum Beschlag kommen. Dabei können in Einzelfällen innerhalb des vorgegebenen Lebensraumes Strecken von mehreren hundert Kilometern in wenigen Wochen zurückgelegt werden.

3. Kontaktpflege

Vor allem in der schneefreien Zeit unternehmen einzelne oder einige wenige Tiere Wanderungen. Diese zum Teil raumgreifenden Wanderungen führen sie aus ihren Rudelverbänden heraus in andere Einstandsgebiete. Die genauen Beweggründe dafür sind wenig bis kaum erforscht. Wahrscheinlich geht es aber um Kontaktpflege oder darum, Chancen für die Brunft auszuloten.

Zwischen diesen drei Arten gibt es natürlich Mischformen, und die Tiere wechseln in ihrem Leben auch Verhaltensmuster. Warum sich ein Steinbock auf Wanderschaft begibt, hängt natürlich auch von Witterung, Nahrungsangebot oder einer Veränderung im Lebensraum ab. Manche Böcke sind aber auch richtige Stubenhocker, die sich das ganze Jahr nur sehr kleinräumig bewegen. Wie bei uns Menschen hängt viel vom jeweiligen Charakter ab: Auch unter den Steinböcken gibt es nämlich mehr oder weniger Neugierige und Mutige.

Äsung

Steinwild ist Wiederkäuer und hat den typischen vierteiligen Magen, bestehend aus Pansen, Netz-, Blätter- und Labmagen. Das Fassungsvermögen des Pansens beträgt bei ausgewachsenen Tieren zwischen 12 und 20 Liter, wobei es im Winter aus Energiespar-Gründen zu einer Verkleinerung des Pansens und Verringerung der Anzahl und Länge der Pansenzotten kommt.

Die nur grob gekaute Nahrung speichert Steinwild zunächst im Pansen, wo sie aufgeweicht und aufgelöst wird. Dazu werden die Pflanzenteile noch zwischen Pansen und Netzmagen hin und her geschleudert. In den Ruhezeiten würgt Steinwild die Nahrung dann herauf und zerkleinert diese durch erneutes

Kauen. Von großer Bedeutung sind dabei die Bakterien und Einzeller. Diese vermehren sich nicht nur stark im Pansen, sondern werden auch ständig mitverdaut, was dem Körper wichtiges Eiweiß liefert. Schließlich gelangt die Nahrung in den Blättermagen, wo ihr Wasser entzogen wird. Zuletzt landet sie im Labmagen.

Kitze umgehen beim Säugen diese Einzelschritte der Verdauung, indem sie durch Muskeln eine Schlundrinne bilden, welche die Muttermilch direkt in den Labmagen befördert. Im Alter von rund 6 Monaten stellen sie vollständig von Milch- auf Pflanzennahrung um, allerdings nehmen sie bereits in den ersten Wochen Grünäsung auf, gelegentlich auch Erde.

Übers Jahr gesehen machen Gräser über 80 Prozent der Nahrung aus, da das Steinwild Zellulose sehr gut aufschließen kann. Kräuter spielen eine eher untergeordnete Rolle. Wie sich die Nahrung genau zusammensetzt, hängt auch vom Lebensraum ab. Reichen etwa Lebensräume kaum bis gar nicht über die Baumgrenze hinaus, stehen im Sommer auch vermehrt Laubhölzer und im Winter Nadelhölzer auf dem Speiseplan – anders als in den klassischen Steinwildgebieten, in denen sich die Tiere das ganze Jahr über oberhalb der Waldgrenze bewegen.

Bevorzugt werden im Sommer vorrangig Süßgräser, wie etwa Rispen-, Schwingelgräser oder das Alpenruchgras. Auch wenn Kräuter im Vergleich zu den Gräsern übers Jahr gesehen eine untergeordnete Rolle spielen, können sie gebietsweise in den Sommermonaten auch an die 30 Prozent der Nahrung ausmachen. Gebietsweise füllen im Sommer auch Laubhölzer rund 10 Prozent des Pansens.

Im Winter gewinnen Sauergräser an Bedeutung. Zudem schlagen sich Zwergsträucher mit rund 10 Prozent zu Buche, und Steinwild äst dann auch Flechten und Moose.

Gaisen wählen ihren Einstand vor allem danach aus, wo sie ihre Kitze sicher und geschützt aufziehen können und wo sie gleichzeitig nährstoffreiche Äsung finden. Für Böcke hingegen zählt weniger die Sicherheit als vor allem ausreichend Vegetation. Schließlich haben sie aufgrund ihrer Masse einen hohen Stoffwechsel. Die Böcke sind bereit, große Strecken zwischen Sommer- und Wintereinstand zurückzulegen. Damit gehen sie auch einer Konkurrenzsituation mit den Gaisen und mit dem eigenen Nachwuchs aus dem Weg.

Interessantes Detail am Rande: Steinwild hat eine gespaltene Oberlippe, die es den Tieren – in Verbindung mit der sehr beweglichen Unterlippe – ermöglicht, selbst kleinste Pflanzen in engen Felsspalten zu erreichen.

Verträglichkeit mit anderem Wild

Die Verträglichkeit von Wildarten untereinander läuft auf verschiedenen Ebenen ab. Der einfachste Fall ist die direkte Konkurrenz, etwa wenn zur gleichen Zeit Äsungsflächen, Setzeinstände, Aufzuchtgebiete oder Wintereinstände beansprucht werden.

Gams

Die größten Berührungspunkte und Überschneidungen gibt es sicherlich mit dem Gams. Kommt Steinwild in höheren Dichten vor, weicht in der Regel der Gams als flexiblere Wildart aus. Gerade in schneereichen Gebieten hat aber der Gams oft die besseren Karten: Er wiegt weniger und hat vom Körperbau her – insbesondere durch die höheren Läufe – mehr Möglichkeiten in der Einstandswahl.

Rotwild

Anders ist die Lage beim Rotwild: Wo sich im Sommer die Lebensräume überschneiden, verdrängt Rotwild das Steinwild.

Auch wenn die Vorlieben in Sachen Äsung bei den einzelnen Wildarten oft weit auseinanderliegen, kann es auch dabei zu einer Konkurrenzsituation kommen: Denn was die eine Wildart frisst, fehlt möglicherweise irgendwann der anderen.

Deutlich schwieriger festzustellen als eine direkte Verdrängung, ist eine indirekte Konkurrenz. Ein Beispiel: Äsen etwa Schafe im Sommer Flächen ab, die vom Steinwild erst später bezogen werden, fehlt diese Äsung dann im Winter. Das kann langfristig – oft in einem jahrelangen, schleichenden Prozess – dazu führen, dass Steinwild sogar alte Traditionen aufgibt und sich neue Wintereinstände sucht.

Jahresablauf

Um Steinwild wirklich zu verstehen und kennenzulernen, bieten alle Jahreszeiten spannende Einblicke.

Spätwinter

Ist die Brunft einmal vorbei, dann ist Energiesparen angesagt. Das Steinwild bewegt sich dann nur mehr kleinräumig und ist – abgesehen von kurzen Ruhepausen – den Tag über am Äsen. Die Ruhepausen legen die Tiere vor allem bei sonnigem Wetter am späten Vormittag und über Mittag ein. Wenn möglich, ist Steinwild im Hochwinter kaum vor Sonnenaufgang und nur wenig nach Sonnenuntergang auf den Läufen. In der Früh nutzt Steinwild häufig die Sonne zum Hochfahren des Stoffwechsels und zum Aufwärmen der Muskeln.

Während der Nacht wird nur die Körperkerntemperatur gehalten, andere Körperteile, wie etwa die Läufe, lässt das Steinwild auskühlen, was den Gesamtwärmeverlust verringert. Im Vergleich zum Sommer senkt es im Spätwinter auch die Herzschlagfrequenz um bis zu 60 Prozent.

Nach der Brunft gehen Böcke und Gaisen wieder getrennte Wege. Davon ausgenommen sind die Jährlinge sowie die 2- und teilweise auch 3jährigen Böcke, die noch in den Gaisenrudeln bleiben. In den von Böcken und Gaisen gemeinsam genutzten Wintereinständen ist nicht immer klar zu erkennen, dass sie eigentlich schon getrennt voneinander ziehen.

Die Wahl des Einstandes hängt im Winter immer auch stark von der Witterung ab. Stürmt und schneit es heftig, verharrt das Steinwild mitunter tagelang an geschützten Stellen. Ansonsten spielen nun Südost- bis Westhänge die entscheidende Rolle. Teilweise bezieht Steinwild im Winter auch tiefer liegende, steile, sonnenbeschienene, mit lichtem Baumbestand und Felsen durchsetzte Gebiete. Klar ist, dass gerade diese Einstände bei extremer Witterung Jahr für Jahr ihre Opfer fordern.

Frühling

Mit Beginn des Bergfrühlings findet man Steinwild meist in tieferen Lagen, aber – so es der Lebensraum erlaubt – immer noch oberhalb dichter Waldbestände. Von hier aus zieht es in den nächsten Wochen mit den grünenden Pflanzen langsam bergwärts. Schneit es in dieser Zeit noch einmal ergiebig, kann dies zu Ausfällen bei den durch den langen Winter bereits entkräfteten Tieren führen.

Sobald es die Schneelage zulässt, sammeln sich meist große Bockrudel in Einständen, die schon über Generationen genutzt werden und die ausreichend Äsung versprechen.

Klettern im Frühling die Temperaturen deutlich nach oben, betten sich vor allem die Böcke tagsüber. Sie ruhen dann bereits oft mit den ersten Sonnenstrahlen. Mit Fortdauer des Frühlings brechen die Böcke dann in ihre Sommereinstände auf. Dort treffen mitunter auch Böcke zusammen, welche die Brunft und den Winter in ganz anderen Gebieten verbracht haben. Einige Tiere kennen sich aus den Vorjahren, aber auch so mancher Neuling taucht auf.

Aber gleichgültig, ob alter Bekannter oder unbeschriebenes Blatt – nun geht es für die Böcke darum, die Rangordnung festzulegen. Die meisten Kämpfe verlaufen eher spielerisch und nach strengen Regeln, wobei Charakter und Selbstbewusstsein wesentlich zum Ausgang der Auseinandersetzungen beitragen. Für die Böcke ist es vor allem wichtig, wo sie unter den etwa Gleichaltrigen stehen. So sind für einen 7jährigen Bock in erster Linie alle 6- bis 8jährigen interessant, denn in dieser Altersgruppe muss er seinen Platz finden und sich behaupten. Und ein 5jähriger Jüngling erkennt allein schon am äußeren Erscheinungsbild, dass er sich nicht ernsthaft mit einem 10jährigen Recken messen kann. Diese naturgegebene, gesunde Selbsteinschätzung unter Steinböcken verhindert viele unnötige Kämpfe.

Am Ende solcher Auseinandersetzungen reitet der dominante Bock oft auf dem rangniedrigeren Tier auf – für aufmerksame Beobachter hilfreich, um die Rangordnung unter den Böcken eindeutig festzustellen. Allein deshalb ist also auch der Frühling aus Jägeraugen ein spannender Zeitpunkt! Jetzt sind die ranghohen Böcke sehr einfach von den rangniedrigeren Böcken zu unterscheiden. Reife Böcke – dort, wo Jagd erlaubt ist – erst in der Brunft zu erlegen, birgt die Gefahr, dass man ein bestehendes Sozialgefüge durcheinanderbringt und dass der Jagddruck im Winter den Tieren lebensnotwendige Energiereserven raubt. Wenn also Steinböcke bejagt werden, dann besser vor der Brunft!

Gaisen sind im Frühling bis zum Frühsommer aktiver als die Böcke, da sie für die wachsenden Föten viel Nahrung brauchen und nach der Geburt genug Milch produzieren müssen. Nach einer Tragzeit von rund 170 Tagen wird meist ab Ende Mai ein Kitz gesetzt. Zwillingsgeburten sind sehr selten. Die Gaisen verlassen vor dem Setzen das Rudel und ziehen sich in geschützte Einstände in meist steilen Lagen und felsigen Nischen zurück. Die dort gesetzten Kitze sind zu Beginn etwa 3 Kilo schwer und folgen der Mutter bereits nach einer halben bis dreiviertel Stunde. In den ersten Lebenswochen kann anhaltend nasskalte Witterung für Kitze lebensbedrohlich sein. Zwischen Mutter und Kitz besteht eine enge Bindung.

Rangordnungskämpfe unter Gaisen sind schon aufgrund der meist engen Verwandtschaft selten, kommen aber vor. Haben sich die Gaisen zum Setzen zurückgezogen, sind Jährlingsgaisen und 2jährige Gaisen kurzfristig führungslos und bilden mitunter größere Gruppen. Sie bleiben bis zur Rückkehr der erwachsenen Gaisen häufig in den ihnen bekannten Gebieten.

Es dauert aber nicht lange, da schließen sich die Familienangehörigen nach dem Setzen wieder ihren Müttern an, wobei nicht alle jungen Böcke in die Gaisenverbände zurückkehren.

Die jungen, meist 2jährigen Böcke werden sich im Sommer schon den Bockrudeln anschließen. Sie gehen auf Entdeckungsreise und gelangen dabei auch in weit entfernte Gebiete.

Die Streifgebiete der Gaisen haben einen hohen Felsanteil und sind wesentlich kleiner als die Streifgebiete der Böcke. Sie sind sichere Rückzugsgebiete für die Kitze. Die Kitze sind von Anfang an beeindruckend trittsicher und üben ihre Fertigkeit ständig durch Spiele und zum Teil wilde Verfolgungsjagden mit Gleichaltrigen. Kitze vereinigen sich immer wieder unter der Obhut einer oder mehrerer Gaisen zu Kindergärten, damit die anderen Muttertiere ungestört auf Nahrungssuche gehen können. Das Gesäuge der Steingais besitzt übrigens im Gegensatz zur Gamsgais nicht vier, sondern lediglich zwei Zitzen.

Besonders markant ist im Frühling der Ausfall des Winterhaares. Da dies mit großem Juckreiz einhergeht, kratzen sich die Tiere ständig mit den Schalen, dem Horn oder mit etwas, was sich sonst in der Natur dafür eignet. Einzelne Tiere rutschen sogar bäuchlings oder sitzend mehrere Meter talwärts, um juckende Haarreste loszuwerden.

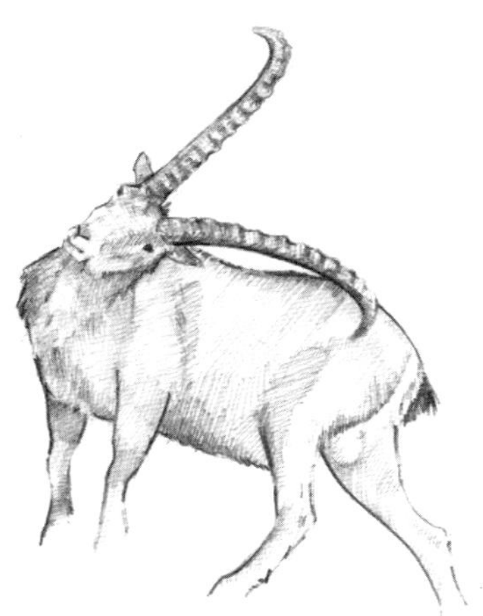

Wer ein solches Verhalten beobachtet, sollte gerade in räudegefährdeten Gebieten nicht vorschnell falsche Schlüsse ziehen. Auch die Räude ist bekanntlich mit starkem Juckreiz verbunden, allerdings verhalten sich erkrankte Tiere meist deutlich anders als gesunde. Vorsicht ist aber in jedem Verdachtsfall geboten, denn Räude ist eine sehr ernste Bedrohung für das Steinwild.

Sommer

Im Sommer sind Böcke am häufigsten bereits in den Morgenstunden vor Sonnenaufgang sowie in der Zeit um den Sonnenuntergang unterwegs. Steinwild kann in der warmen Jahreszeit auch in der Nacht – vor allem in helleren Mondnächten – größere Strecken zurücklegen.

Zwischen den tiefer liegenden Äsungsflächen und den Tageseinständen hoch oben liegen bei Böcken oft einige hundert Höhenmeter. In hochalpinen Lagen steigen Tiere im Sommer mitunter bis an den Rand der Gletscher oder suchen nach Graten, wo ihnen der Wind Kühlung verschafft.

Alte Böcke suchen gerne in kleineren Gruppen meist abgelegene Einstände auf und nehmen keine großen Ortswechsel vor. Da die Böcke im Sommer die meiste Zeit des Tages ruhen, entdeckt man sie am ehesten beim Wechsel zwischen Äsungsfläche und Tageseinstand.

In größeren Bockrudeln gruppieren sich die ungefähr gleich alten Böcke zusammen. Gelegentlich wird da und dort noch spielerisch an der Rangordnung gefeilt, zu ernsteren Kämpfen kommt es meist nur mehr dann, wenn unbekannte Tiere – vor allem mittleren Alters – auftauchen. Zu solchen Treffen kommt es etwa, wenn einzelne Böcke aus ihren Sommerverbänden heraus kurze Ausflüge in andere Steinwildeinstände unternehmen. Dieses Verhalten brachte Steinböcken fälschlicherweise immer wieder den Ruf als Einzelgänger ein.

Zu Bockwanderungen kommt es auch dann, wenn junge Böcke die Gaisenrudel meist mit 2 oder 3 Jahren verlassen. Sie ziehen weit umher, hängen sich da und dort für einige Tage an ein Rudel an, um kurz darauf weiterzuziehen und den Lebensraum großflächig zu erkunden. Das so in jungen Jahren gewonnene Wissen über den Lebensraum ist später Goldes wert: Es ermöglicht den Böcken, andere Einstände sehr zielgerichtet aufzusuchen – etwa zur Brunft. Dabei passiert es in großen, zusammenhängenden Lebensräumen durchaus, dass sich plötzlich zwei etwa gleich alte Böcke begegnen, die einander noch nicht kennen: einer jener seltenen Fälle, wo es auch in der Brunft noch richtig ernst zur Sache gehen kann und auch Verletzungen drohen. Die Streithähne versuchen dabei auch einander abzudrängen und den Gegner mit blitzartigen Schlägen der Hornsicheln seitlich in der Bauchgegend zu treffen.

Die Gaisenverbände mit Kitzen und jüngeren Böcken sind in der Regel meist kleiner als beim Gams. Steingaisen sind sehr standorttreu, bevorzugen sichere Rückzugsgebiete und halten einmal bewährten Einstandsgebieten die Treue. Zu- und Abwanderungen sind in Gaisenverbänden selten – abgesehen von den abwandernden jungen Böcken.

Anders als Böcke sind Gaisen im Sommer vormittags länger auf den Läufen, da sie für das Führen und Säugen der Kitze mehr Energie und daher auch mehr Nahrung benötigen.

Die Grünäsung dient bei beiden Geschlechtern bereits ab Spätfrühling nicht nur mehr dazu, den täglichen Energiebedarf zu decken, sondern bereits Reserven für den bevorstehenden Winter aufzubauen.

Herbst

Ab Herbst spielt die Sonne eine entscheidende Rolle. Böcke halten nun oft richtige Sonnenbäder, um Energie zu sparen. Zu hohe Temperaturen können allerdings ab Spätherbst zum Problem für die gut isolierten Tiere werden, da das Abkühlen der Körpertemperatur viel Energie kostet. Wenn es die Schneelage noch erlaubt, weichen Tiere gern an schattige Stellen aus.

Von den ersten Schneefällen hängt es ab, wann sich die Böcke auf den Weg in die Brunfteinstände machen. Ältere Tiere können unter Umständen dort aber erst sehr spät auftauchen. Treffen auch bei diesen Wanderungen Böcke aufeinander, die sich noch nicht oder nicht gut kennen, machen sie sich die Rangordnung untereinander aus.

Junge Böcke, die sich im Spätsommer älteren angeschlossen haben, folgen diesen und gelangen so oftmals in neue, für sie noch unbekannte Gebiete. Damit erweitern sie entscheidend ihr Wissen über den Lebensraum, was ihnen wieder für spätere eigene Wanderungen zugute kommt.

Ab etwa August wagen sich die Gaisen mit ihren Kitzen bei der Nahrungssuche schon etwas weiter aus den steilen, felsigen Gebieten heraus. Dabei können sich auch größere Gaisenverbände bilden. Ihre Streifgebiete sind aber immer noch meist bedeutend kleiner als jene der Böcke.

Ab Ende August bereitet sich Steinwild auf den Winter vor und beginnt den Stoffwechsel herunterzufahren. Auch wenn die Tiere im Herbst über den Tag verteilt mehr auf den Läufen sind als im Hochsommer, verringert sich bereits die Herzschlagfrequenz, und die Körpertemperatur wird langsam aber beständig abgesenkt. Im Spätherbst erreichen die Tiere meist ihr Jahreshöchstgewicht. Die Fettreserven können jetzt bis zu 30 Prozent der gesamten Körpermasse ausmachen.

Brunft

Im Spätherbst ist die Rangordnung unter den Böcken meist klar. Gleich starke Böcke kennen einander und gehen sich oft allein durch die Wahl verschiedener Brunfteinstände aus dem Weg.

Für die Rangordnung ist meist das Erscheinungsbild entscheidend – vom Körperbau über das Gewicht bis zum Horn. Mit Sicherheit haben auch der Charakter und das Selbstbewusstsein einzelner Böcke eine Bedeutung. Im Vergleich zum Reh- oder Rotwild spielen die Duftdrüsen wahrscheinlich eine eher untergeordnete Rolle.

In der Brunft sind die Böcke fast den ganzen Tag auf den Läufen. Unterschiede zwischen Jung und Alt zeigen sich dann auch am Verhalten: Ältere Steinböcke wissen meist sehr genau, wann und in welchen Einständen sie gezielt auftauchen müssen, um sich erfolgreich fortzupflanzen. Im Gegensatz dazu unternehmen jugendliche und mittelalte Böcke ab Mitte November häufig weite Wanderungen, um die Lage in den jeweiligen Brunfteinständen auszuloten: Wo sind wohl die größten Chancen, sich fortzupflanzen? Je jünger die Böcke, desto weniger Fettreserven konnten sie anlegen und desto gefährlicher sind daher für sie diese kräftezehrenden Wanderungen. Schließlich braucht es genug Fettreserven, um den langen Bergwinter zu überstehen.

Die Brunft des Steinwildes findet in der Regel in den Wintereinständen zwischen Dezember und Januar statt. Höhepunkt ist meist die zweite Dezemberhälfte. Wenn die Böcke in Brunftstimmung kommen, klappen sie den Wedel hoch. Das kann allerdings bereits Anfang November sein – noch deutlich vor der Brunft. Einen später tatsächlich um die Gaisen werbenden Bock erkennt man an seiner Körperhaltung: Neben dem hochgeklappten Wedel, streckt er dann Haupt und Äser nach vorne und legt sein Gehörn nach hinten. Das Verstecken der wuchtigen Hörner soll der Gais die Angst nehmen. Ein Bock ähnelt in dieser Körperhaltung wohl ganz bewusst einem Kitz beim Säugen.

Will sich ein Bock langsam einer Gais annähern, tut er dies häufig mit hochgeklapptem oder vorgestrecktem Lauf. Dabei flippert er immer wieder mit der Zunge und lässt ab und zu ein Meckern hören. Auch flehmen die Böcke immer wieder.

Wie bei anderen Schalenwildarten bestimmt die Gais, wer sie beschlagen darf und wer nicht. Nicht paarungsbereite Gaisen geben dies den Böcken mit kurzen Hornschlägen zu verstehen.

Kommt eine Gais allerdings in die etwa eineinhalb Tage dauernde fruchtbare Zeit, übernimmt der ranghöchste Bock spätestens das Kommando. Hier zeigt sich, wie wichtig alte und reife Böcke sind, da sie für klare Verhältnisse sorgen und so die Brunft beruhigen. Gerade jüngere Böcke warten oft ungeduldig auf ihre Chance und versuchen durch flinke Annäherung den brunftigen Gaisen nahezukommen – manchmal sogar mit Erfolg. Die besten Aussichten haben solche jungen Böcke vor allem bei großen Schneemengen. Sie sind leichter und nicht zuletzt auch wegen ihres noch kürzeren Gehörns wendiger als die alten Herren und können so den Gaisen auch in extreme Felspartien folgen.

Tageszeiten

Grundsätzlich ist Steinwild zwei Mal am Tag am aktivsten: am Morgen bis in den Vormittag hinein sowie am Nachmittag bis zum Abend. Durch die Kürze des Tages rücken diese zwei Phasen im Winter enger zusammen, im Sommer liegen sie weiter auseinander. Vor allem Gaisen unterbrechen die Ruhezeiten, um kurz zu äsen.

Wann Steinwild auf den Läufen ist, richtet sich natürlich stark nach der Witterung. Verschiebungen ergeben sich etwa durch lange Regenphasen oder unwirtliches Winterwetter. Außerdem hängt der Tagesablauf auch von der Temperatur ab. Steinwild hat – wie gesagt – kaum Schweißdrüsen und kann daher besser mit Kälte als mit Wärme umgehen.

Natürliche Feinde

„Hauptfeind" für das Steinwild sind mit Sicherheit die Gefahren, die der extreme Lebensraum mit sich bringt. Dabei fordert ein langer, schneereicher Winter ebenso seinen Tribut wie etwa Nässe und Kälte zur Setzzeit. Und obwohl Steinwild gut ans steile, felsige Gelände angepasst ist und Abstürze selten vorkommen, fallen dennoch jedes Jahr Stücke vereisten Stellen, Steinschlag oder Lawinen zum Opfer.

Andere „natürliche" Feinde seien an dieser Stelle wie folgt kurz erwähnt.

Adler

Die Gefährlichkeit des Adlers für das Steinwild wird häufig überschätzt, auch wenn es immer wieder Spezialisten geben mag, die gezielt Stücke zum Absturz bringen und so erbeuten. Nur wenige Adler-Angriffe werden auch von Erfolg gekrönt sein. Am ehesten fallen diesen Kitze oder der ein oder andere Jährling zum Opfer.

Fuchs, Wolf und Luchs

Der Fuchs kann im Normalfall nur frisch gesetzten Kitzen gefährlich werden. Füchse meiden aber von sich aus derart steile Gebiete, wie sie von den Gaisen zum Setzen bevorzugt werden.

Auch dem Wolf sind aufgrund des Felsgeländes Grenzen gesetzt. Sehr wohl kann aber seine Anwesenheit dazu führen, dass sich Steinwild von leicht zugänglichen Einständen in steilere Gebiete zurückzieht.

Gegen den Luchs sprechen schon die sich kaum überschneidenden Lebensräume. Einzelne Risse sind zwar dokumentiert, spielen aber eine unbedeutende Rolle.

Altersentwicklung

Steinwild entwickelt sich körperlich sehr langsam. Gaisen sind erst mit 4 oder 5 Jahren wirklich ausgewachsen. Böcke erreichen ihr höchstes Gewicht meist erst mit 11 bis 12 Jahren.

Trotz des zum Teil extremen Lebensraumes liegt die Lebenserwartung – insbesondere der Gaisen – in Einzelfällen bei bis zu 20 Jahren.

Die Lebenserwartung hängt allerdings stark von der Altersstruktur und der Dichte einer Population ab: Je jünger das Durchschnittsalter und je weniger alte Tiere in dieser Population vorkommen, desto schwieriger ist es für die Tiere, wirklich alt zu werden. In solchen Fällen müssen nämlich junge Stücke viel früher Aufgaben und Verhalten übernehmen, für die sie körperlich und sozial eigentlich noch nicht reif sind. Und diese frühen Anforderungen verkürzen dann die Lebenszeit.

Populationen mit zu wenig alten Tieren findet man beispielsweise dort, wo Steinwild erst vor kurzem angesiedelt wurde oder wo es falsch und zu einseitig bejagt worden ist.

Altersklassen

Mit dem zwischenzeitlichen Verschwinden des Steinwildes ist seinerzeit viel Wissen verlorengegangen – wohl auch über das Alter, das die Tiere erreichen können.

Als die ersten Kolonien wieder in den Alpen heimisch waren und die Bejagung möglich wurde, setzte man daher die einzelnen Altersklassen ziemlich niedrig an. Man berücksichtigte nicht, dass Tiere in im Aufbau befindlichen Kolonien eine geringere Lebenserwartung haben wie später Tiere in einem über mehrere Generationen gewachsenen, ausgewogenen Bestand. Auch später wurden diese Einteilungen oft nicht mehr nachjustiert.

Daher gelten bis heute im Alpenraum – immer auch gebietsweise verschieden – grob folgende Altersklassen:

Böcke:

Klasse III:	*1 bis 4/5 Jahre*
Klasse II:	*5/6 bis 9/10 Jahre*
Klasse I:	*ab 10/11 Jahre*

Gaisen:

Klasse III:	*1 bis 4 Jahre*
Klasse II:	*5 bis 9/10/11 Jahre*
Klasse I:	*ab 10/11/12 Jahre*

Setzt man diese Angaben in Beziehung zur Lebenserwartung, wird schnell klar, dass Steinwild oft zu früh erlegt wird: Gaisen werden ja vereinzelt über 20 Jahre alt, Böcke immerhin bis zu 18 Jahre und sogar noch mehr. Das Greisenalter bei Böcken setzt in der Regel mit 14 oder 15 Jahren ein, bei Gaisen oft erst mit 17 oder 18 Jahren – natürlich immer auch abhängig von Lebensraum, Population und Einzeltier. Außerdem erreichen gerade Böcke meist erst mit 11 Jahren ihr Höchstgewicht.

Klar ist daher, dass 10- bis 12jährige Böcke sowie 11- bis 13-jährige Gaisen eigentlich die Stützen eines Bestandes darstellen, nicht aber „Erntestücke“.

2. Ansprechen

Das Ansprechen sollte grundsätzlich niemals nur vor einem jagdlichen Hintergrund gesehen werden. Es dient vorrangig dazu, Gesundheit und Altersstruktur innerhalb einer Population richtig einzuschätzen. Und man sollte dabei Eckdaten – wie etwa Körpergewicht oder Hornlänge der Böcke – wenn überhaupt nur innerhalb einer einzelnen Population vergleichen. Die Unterschiede zwischen einzelnen Lebensräumen und wie sich die Tiere darauf angepasst haben, sind nämlich zum Teil beträchtlich.

Spuren

Der extreme Lebensraum allein setzt bereits Grenzen, geht es um die Suche nach Fährten, Lager oder Losung. Dennoch hinterlässt auch Steinwild die ein oder andere aufschlussreiche Spur.

Fährte

Im Gegensatz zum länglichen Trittsiegel eines Gams ist der Fährtenabdruck beim Steinwild wesentlich breiter und wirkt dadurch rundlich und gleichmäßiger. Zudem sind beim Steinwild die vorderen Schalen größer als die hinteren – insbesondere bei den Böcken. Eine Unterscheidung zwischen Bock und Gais ist meist aufgrund der Größe des Trittsiegels möglich.

Beim Ziehen werden die Schalen des hinteren Laufes in das Trittsiegel des vorderen gesetzt. Bei der Flucht kommt es zum Übereilen, das heißt, dass die Hinterläufe – so es das Gelände zulässt – seitlich an den Vorderläufen vorbeigreifen und sich vor

Steinwild-Fährte.
Links: Trittsiegel; oben der Abdruck des Vorderlaufes, unten jener des Hinterlaufes.
Rechts: Fährte vom ziehenden Steinwild.

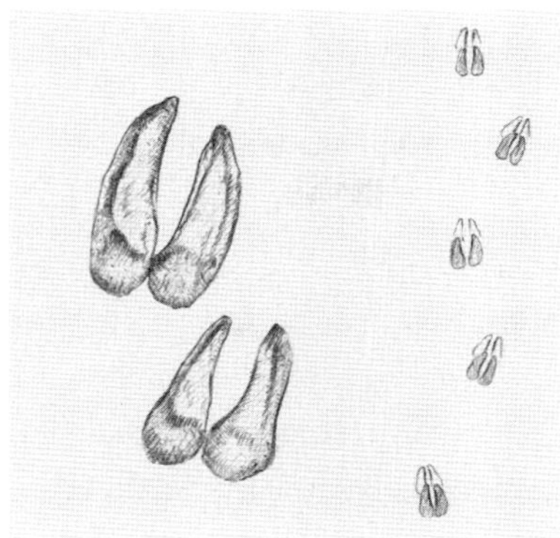

diesen abdrücken. Die Schrittlänge selbst hängt vom Körperbau des Tieres und vom Gelände ab.

Da Steinwild in steilen Gebieten auch die Afterklauen nutzt, drücken sich diese mitunter auf weichem Untergrund oder Schnee im extremen Steilgelände ab.

Wechsel

Im alpinen Gelände sind nur häufig begangene Wechsel auszumachen, da sie in den extremen Höhenlagen rasch verwittern. Im Schnee erkennt man mitunter Wechsel ganz gut, da Steinwild gern in den Fährten anderer Stücke zieht, um Energie zu sparen.

Lager

Steinwild nutzt ein und dieselben Lager mehrfach. Bevorzugt werden Plätze mit gutem Ausblick. Im Sommer suchen Böcke zudem Stellen, wo der Wind für Kühlung sorgt. Im Winter sind wiederum Nischen oder Höhlen gefragt, die vor Wind, Eis und Schnee schützen.

So das Lager nicht im kahlen Fels liegt, lassen sich die Stellen meist gut an der niedergedrückten Vegetation erkennen oder an einer aufgekratzten Bodennarbe, die Steinwild mitunter vor dem

Betten mit dem Vorderlauf kurz bearbeitet (siehe Foto Seite 68 unten). Außerdem gibt viel Losung Auskunft, wo sich Steinwild regelmäßig niedertut.

Haarfunde

Steinwild wechselt nur im Frühjahr das Haar, im Herbst wird das Sommerhaar lediglich verdichtet. Im Frühjahr verliert es das dichte Winterhaar büschelweise – vor allem die Unterwolle. So finden sich in Einständen häufig Reste dieser Unterwolle, die Tiere abgestreift oder verloren haben.

Losung

Die Losung wird das ganze Jahr über fast immer in Form von Einzelbohnen abgegeben. Diese haben beim Steinwild eine unregelmäßige, eher rundliche Form. Die Bohnen können vor allem im Frühjahr und Frühsommer walzenförmig zusammengepresst sein oder zusammenkleben. Breiig ist die Losung meist nur während der Umstellung auf das erste frische Grün.

Frische Losung ist meist glänzend. Anhand ihrer Größe lässt sich bestenfalls ein Kitz von einem älteren Tier unterscheiden, danach lassen sich daraus weder das Alter, die Stärke oder gar das Geschlecht des Stückes erkennen.

Schlagstellen

Im Frühjahr und gelegentlich auch zur Brunft bearbeiten vor allem Böcke immer wieder Sträucher oder Jungbäume mit dem Gehörn. Dadurch entstehen Schlagstellen, die den Fegestellen von Rehböcken ähneln (siehe Foto Seite 69 unten).

Im Frühjahr während des Haarwechsels reibt das Steinwild häufig auch juckende Körperteile an Ästen, Felsen oder anderen sich bietenden Stellen. Diese Spuren lassen sich mit einigermaßen geschultem Auge entdecken.

Lautäußerungen

Auch Steinwild macht sich akustisch bemerkbar, wenngleich im Normalfall nur das Pfeifen und – in unmittelbarer Nähe – vielleicht noch das Knuffen zu hören sind. Wie das klingt und was man in Steinwild-Gebieten unter Umständen sonst noch alles hört, ist nachfolgend kurz beschrieben.

Pfeifen

Bei Unsicherheit stößt Steinwild einen Pfiff aus, der durch die Nase kommt. Dieser Laut hört sich kürzer und etwas heiserer als beim Gams an.

Knuffen

Nach einem unterdrückten Niesen klingt das Knuffen, das bei Gefahr gegen einen Eindringling gerichtet wird. Gelegentlich wird dieser Laut auch von einem Stampfen mit dem Vorderlauf begleitet.

Klagen

Mitunter kann schwerverletztes Steinwild auch regelrechte Schreilaute von sich geben.

Meckern

Kitze und Gaisen verständigen sich untereinander durch leises Meckern und Bäh-Laute. Kitze meckern auch im Spiel oder wenn sie nach ihrer Mutter suchen. Gelegentlich lassen auch Böcke ein sehr leises Meckern während des Werbens in der Brunft hören.

„Steindln“

Keine Lautäußerung, aber mitunter ein guter Hinweis auf Steinwild kann auch das „Steindln“ sein, wenn Steine deutlich hörbar von einzelnen Tieren abgetreten werden.

Hornschlag

Raufen zwei Steinböcke miteinander, kann man die aufeinander prallenden Hörner oft mehrere hundert Meter weit hören.

Decke

Die Decke des Steinwildes besteht aus drei Arten von Haaren: den Woll-, den Grannen- und den Leithaaren. Die beiden letzteren fasst man unter den Begriff „Deckhaare“ zusammen.

Der Haarwechsel findet nur einmal jährlich statt, im Frühjahr. Eine Ausnahme stellen lediglich die im Frühsommer geborenen Kitze dar, die ab dem Hochsommer ihr Kitzhaar verlieren und durch ein neues Haarkleid ersetzen, welches zum Winter hin verdichtet wird.

Die althergebrachte Bezeichnung „Fahlwild“ für das Steinwild kommt nicht von ungefähr: Zum Frühjahr hin bleicht die im Herbst noch sehr kontrastreiche Deckenzeichnung aus, und das Steinwild ist nur mehr schwer vom Untergrund auszumachen.

Nachdem zwischen April und Juli das Winterhaar ausfällt, wächst das neue Sommerhaar, das bereits ab August durch Deck- und Wollhaare zunehmend zum Winterhaar verstärkt wird (siehe Seite 88 unten). Dadurch verändert sich zum Spätherbst hin auch laufend die Deckenfärbung. Das fertige Winterhaar erreicht eine Länge von bis zu 5 Zentimetern.

Färbung

Von fast Schwarz bis nahezu Gelbbraun reicht die Farbpalette beim Steinwild. Wann und warum diese Farbtöne auftreten, erklärt das folgende Kapitel. Ebenso soll es brauchbare Hinweise geben, wie man anhand der Deckenfärbung auch das Alter zumindest grob anschätzen kann.

Sommer

In der Sommerdecke ist die Bauchseite meist hell, ebenso die Hinterseite der Läufe, insbesondere die der Hinterläufe. Auch Schlegel, Oberrücken und Träger wirken im Vergleich zur restlichen Decke ein wenig lichter. Die Haare um das Weidloch sind ebenfalls heller, wodurch sich der dunkle Wedel abhebt, von dem sich ein angedeuteter Aalstrich zumindest bis zum Trägeransatz fortsetzt (siehe Foto Seite 88 oben).

Böcke sind in der Sommerdecke kastanien- bis graubraun mit dunklen Läufen. Jüngere Böcke haben bisweilen einen leichten Stich ins Rötliche oder gleichen in der Färbung den eher helleren Gaisen.

Die Sommerdecke der Gaisen ist hell- bis mittelbraun. Bei älteren Gaisen zeigen die helleren Körperpartien teilweise bereits einen Stich ins Gelblich-Braune.

Bei jüngeren Böcken und Gaisen ist die Decke an den Flanken zum Bauch hin dunkler. Dadurch wird der Kontrast zur hellen Bauchpartie stärker.

Winter

Die Winterdecke ist ein wenig dunkler als die Sommerdecke. In Verbindung mit den Fettreserven isoliert sie hervorragend gegen die Kälte. Wie gut, zeigt sich etwa bei Schneefall, wenn die einzelnen Flocken auf der Decke liegen bleiben und nicht schmelzen.

Vor allem bei Böcken kann die Winterfärbung hilfreich für die Altersansprache sein. Junge Böcke bis 3 Jahre ähneln in der Winterdecke nämlich noch sehr den Gaisen. Eine schwarze Linie grenzt die helle Bauchseite von der meist mittelbraunen restlichen Decke ab. Bei Kitzen fehlt diese klare Trennlinie noch, wodurch sich starke Kitze von schwachen Jährlingen recht gut unterscheiden lassen.

Mit etwa 4 Jahren beginnen sich Böcke in der Winterdecke bereits deutlich von jüngeren Böcken und Gaisen zu unterscheiden. Ihre Decke ist nun meist dunkler als jene der Gaisen.

Bei fast schwarzbraunen Böcken handelt es sich in der Regel um ältere, reife Böcke zwischen 9 und 12 Jahren. Drehen solche Stücke ihren Hals oder ihren Rumpf zur Seite, blitzt häufig die helle Unterwolle durch. Gerade in der dicken Winterdecke und mit den Fettreserven am Körper wirken solche Böcke dann besonders wuchtig. Ab Jänner beginnt sich die Nackenpartie bereits wieder heller zu färben und sich von der sonst noch dunkleren Decke abzuheben. Danach bleichen die restlichen Haare immer mehr aus, und die Decke wird zusehends fahlbraun. Gerade bei reifen Böcken erinnern im Frühjahr dann nur mehr die dunklen Läufe an ihre stattliche Erscheinung in der Brunft (siehe Foto Seite 92 unten). Die fahle Farbe im Frühjahr macht es im Übrigen auch schwer, Fallwild auf den ausgedorrten alpinen Matten auszumachen.

Bei wirklich sehr alten Tieren kann die Decke im Winter bereits ins Graue gehen.

Ab der zweiten Aprilhälfte verlieren die Tiere ihr Winterhaar. Dieser Haarwechsel ist oft erst Ende Juli abgeschlossen. Im Bereich des Nasenrückens sowie im Nacken kann sich bei reifen Stücken sehr lange ein wenig Winterhaar halten (siehe Foto Seite 87 oben).

Bart

Meist ab dem 3. Lebensjahr haben Steinböcke erste Ansätze zu einem Kinnbart. Dieser ist im Sommer kürzer als im Winter und meist erst bei Böcken ab 6 Jahren deutlich zu erkennen.

Da diese Barthaare während des Haarwechsels gelegentlich spät oder zum Teil gar nicht ausfallen, wird oft erst dann die wahre Länge des Bartes ersichtlich, und so mancher Bock ist anhand dieser übriggebliebenen Kinnbarthaare (siehe Foto Seite 86) auch gut wiederzuerkennen. Gaisen haben keinen Bart.

Wildkörper

Der Wildkörper kann wertvolle Hinweise auf Alter und Geschlecht geben. Entfernung und Licht spielen beim Ansprechen allerdings eine entscheidende Rolle.

Unterscheidung Gaiskitz/Bockkitz

Gerade bei noch sehr jungen Stücken kann sich das Ansprechen des Geschlechts schwierig gestalten. Im Normalfall sind jedoch Bockkitze ein wenig stärker als Gaiskitze. Nachdem aber die Setztermine unterschiedlich sind, ist die Körpergröße kein brauchbares Merkmal, um Kitze nach dem Geschlecht anzusprechen.

Unterscheidung Kitz/Jährling

Eine Unterscheidung zwischen Kitz und Jährling wird im Sommer rein vom Körper kein Problem sein. Auffallend ist bei Kitzen zudem das wollige Haarkleid, das stumpf und fahl erscheint. Auch das meist noch sehr kurze Haupt sowie die wenig ausgeprägte und nicht durchgehende Trennlinie zwischen dunklerer Flanke und hellerem Bauch machen das Kitz leicht erkennbar. Ab Spätherbst lassen sich gut entwickelte Kitze mitunter aber nur noch schwer von schwachen Jährlingen unterscheiden.

Unterscheidung Gaisjährling/Bockjährling

Böcke sind als Jährlinge meist körperlich etwas kräftiger als gleich alte Gaisen. Ab Sommer, wenn beim Böckchen, abgesehen von der stärkeren Hornbasis, bereits die erste vollständig ausgebildete Schmuckleiste – auch Schmuckknoten, Schmuckwulst oder Schmuckrippe genannt – unter der Haut wächst, ist seine Stirn deutlich gewölbter als bei der fast geraden Gesichtslinie eines Gaisjährlings. Das Haupt des Gaisjährlings wirkt dadurch länger und weniger dreieckig.

Bei gutem Licht und nicht zu weiter Entfernung sind eventuell bereits Pinsel und Brunftkugeln auszumachen. Auch das Nässen kann Aufschluss über das Geschlecht geben: Während Gaisen dazu die Hinterläufe abwinkeln (siehe Foto Seite 82 unten), nässen Böcke meist mit nahezu gerader Rückenlinie.

Böcke

In den ersten Lebensjahren bietet sich wohl das Hornwachstum als einfachste Ansprechhilfe an. Davon später mehr. Da sich der Steinbock aber körperlich nur langsam entwickelt und häufig nicht vor dem 11. Lebensjahr sein volles Gewicht erreicht, ist mit einiger Erfahrung auch eine Altersschätzung anhand des Wildkörpers gut möglich.

Jugendklasse

2jährige Böcke wirken bereits weniger jugendlich und sind etwa so groß wie ausgewachsene Gaisen, wenngleich etwas stämmiger als diese. Mit 3 Jahren sind Böcke vom Wildkörper her bereits eindeutig stärker als Gaisen.

Böcke der Jugendklasse haben ein typisches Lausbubengesicht: Das kurze Haupt hat eine gewölbte Stirn und wirkt von der Seite dadurch nahezu dreieckig. Bauch und Vorschlag sind noch wenig ausgebildet. Das Haupt wird höher getragen, der abfallende Bereich von der Rückenlinie zu den Hinterläufen wirkt spitzer als bei älteren Tieren.

Mittelklasse

Selbst 5jährige Böcke wirken im Vergleich zu älteren noch jugendlich. Vorschlag und Trägerstärke nehmen ab diesem Alter aber weiter kontinuierlich zu. Die Böcke nehmen auch stetig an Gewicht zu und wirken daher – vor allem im Herbst – wuchtig und träge. Die Lauflänge nimmt optisch im Verhältnis zum starken Rumpf immer mehr ab. Böcke der oberen Mittelklasse entsprechen am ehesten jenem Aussehen, das wir von einem echten Postkarten-Bock im Kopf haben.

älterer Bock, etwa 10 Jahre alt

mittelalter Bock, etwa 5 Jahre alt

junger Bock, etwa 2 Jahre alt

Gegen Ende der Mittelklasse tragen Böcke den Träger bereits tiefer als etwa 5- oder 6jährige Tiere. Zudem verlagert sich der Schwerpunkt weiter nach vorne. Im Sommer haben die Böcke mit vollem Pansen einen richtig kugeligen Bauch. Um das 10. Lebensjahr legen stärkere Böcke bis zu 30 Kilogramm Fettreserven an und wirken vor der Brunft dann schon wie richtige Kästen.

Reifeklasse

Ab dem 10. oder 11. Lebensjahr wird der Träger schon sehr tief getragen und bildet mit der Rückenlinie nahezu eine Gerade. Der Vorschlag ist wuchtig, der Träger geht fast walzenförmig und gleich breit aus dem restlichen, quaderförmigen Körper hervor.

Greisenalter

Im Greisenalter verlieren Böcke vor allem an Muskelmasse. Sie wirken ausgemergelt, Becken und Schulter treten im späten Frühjahr deutlich hervor und Rücken- und Bauchlinie beginnen durchzuhängen. Gelegentlich wirkt die Decke dann zu dieser Jahreszeit regelrecht zu groß.

Das Haupt wird trockener, das heißt, die Knochenbögen treten stärker hervor, und der gesamte Gesichtsausdruck wirkt müde. In gut strukturierten Beständen treten derartige Vergreisungsmerkmale selten vor dem 13. bis 14. Lebensjahr auf. Eine deutliche Gewichtsabnahme ist bei Böcken selten vor dem 14. Lebensjahr zu erkennen.

Gaisen

Gaisen sind zwar anhand des Wildkörpers wesentlich schwerer anzusprechen als Böcke, einige Merkmale können aber hilfreich sein.

Jugendklasse

Der Gaisjährling ist im Wildkörper stärker und hochläufiger als das Kitz. Sowohl 1- als auch 2jährige Stücke sind allerdings noch wesentlich schmächtiger als etwas ältere Stücke.

3jährige Gaisen gehen im Normalfall bereits in die Brunft. Sie sind körperlich im direkten Vergleich mit jüngeren Gaisen zwar reifer, wirken im Gesamteindruck allerdings noch leichtfüßiger und schlanker als ältere Gaisen. Das Haupt ist noch jugendlich, aber bereits etwas länger und breiter als bei den 2jährigen. Der Gesichtsausdruck wirkt in Summe frech.

Mittelklasse

Spätestens mit 5 Jahren ist eine Gais vollständig ausgewachsen. Mit dem Setzen des ersten Kitzes werden die Hornschübe geringer, und der Körper gewinnt beim Ansprechen noch mehr an Bedeutung.

reife Gais

mittelalte Gais

junge Gais

Im Lauf der weiteren Entwicklung verändert sich der Körper einer Gais von einer länglichen Form hin zu einer quadratischen Kastenform. Der Träger wird massiger, das Haupt wird länger und mit fortschreitendem Alter nicht mehr so hoch getragen. Rücken und Träger bilden immer mehr eine Gerade.

Reifeklasse

Reife Gaisen haben sich im Spätherbst bis zu 10 Kilogramm Fettreserven angefuttert. Der Bauch ist oft richtig kugelig. Das Haupt wirkt zunehmend lang und knochig-trocken, der Gesichtsausdruck oft geradezu grantig, wobei der Äser deutlich breiter ist als in jungen Jahren (siehe Foto Seite 73 unten). Einzelne Körperpartien treten stärker hervor, der Schwerpunkt scheint sich mehr in Richtung Hinterläufe zu verlagern. Der Vorschlag ist gut zu erkennen.

Mit zunehmendem Alter hängen Bauch- und Rückenlinie stärker durch, der Körper wird sehnig, und einzelne Knochen treten hervor. Die Gais bewegt sich im reifen Alter bereits etwas behäbiger und wirkt nicht mehr so geländegängig und wendig wie in jungen Jahren – was sie aber durchaus noch ist.

Greisenalter

Im Greisenalter verlieren Gaisen zunehmend Muskelmasse. Dadurch wirken sie wieder etwas feingliedriger und leichter und bekommen zudem wieder einen dünneren Träger. Die Decke wirklich alter Stücke bekommt oft eine etwas hellere Färbung.

Beschlagene und führende Gaisen

Bei vollem Pansen lässt sich nicht leicht feststellen, ob eine Gais bereits gesetzt hat oder nicht.

Hat eine Gais viel Äsung aufgenommen, wölbt sich der Bauch nämlich deutlich. Gerade bei älteren Gaisen, deren Bauchlinie ohnehin nach unten durchhängt, ist dann nicht immer ein-

Meine Adresse:

Familienname

Vorname

Straße

PLZ/Ort

E-mail: verlag@jagd.at
Internet: www.jagd.at

Bitte frankieren

Österreichischer
Jagd- und Fischerei-Verlag
Wickenburggasse 3
1080 Wien

Tel. 01/405 16 36-25
Fax 01/405 16 36-59

Bestellung

zur sofortigen Lieferung per Nachnahme an meine umseitig angegebene Anschrift zzgl. Versandspesen (Stammkunden auf Wunsch auch mit Erlagschein)

Stück	Titel	Thema / Autor	Preis
	Jagd & Praxis		
	Riegeljagd	Bruno Hespeler	€ 35,–
	Büchse	Der perfekte Kugelschuss! / Norbert Steinhauser	€ 35,–
	Geschoßwirkung und Kugelfang	Bleifrei & Sicherheit / Norbert Steinhauser	€ 35,–
	Flinte	Schrotschießen leicht gemacht! / Nicky Szápáry	€ 31,–
	Birschfibel	Richtig birschen! / Paul Herberstein	€ 19,–
	Hasenfibel	Erich Klansek / Paul Herberstein	€ 23,–
	Rehwild-Ansprechfibel	Paul Herberstein / Hubert Zeiler	€ 23,–
	Rotwild-Ansprechfibel	Hubert Zeiler / Paul Herberstein	€ 23,–
	Gamswild-Ansprechfibel	Hubert Zeiler / Paul Herberstein	€ 23,–
	Schwarzwild-Ansprechfibel	Siegfried Erker / Paul Herberstein	€ 23,–
	Bildbände		
	Sauen – Grobe Keiler, raue Bachen	Markus Zeiler / Hubert Zeiler	€ 49,–
	Wölfe – Jäger der Nacht	Jaroslav Vogeltanz / Paolo Molinari	€ 39,–
	Gams – Bilder aus den Bergen	G. Greßmann / V. Grünschachner-Berger u. a.	€ 49,–
	Steinwild – Mythos der Berge	Gunther Greßmann	€ 49,–

Stand Oktober 2014

deutig zu erkennen, ob sie bereits gesetzt haben oder nicht. Auch sogenannte Hungerlucken im Bereich der Hüftknochen geben keinen sicheren Hinweis.

Auch der Zeitpunkt des Haarwechsels gibt bei einer Steingais keinen Hinweis darauf, ob sie beschlagen ist oder nicht. Dieser findet sehr individuell statt, und zum Setzen hin wirken die meisten Gaisen mit den Resten ihres Winterhaares ohnehin struppig.

Das Gesäuge einer führenden Gais lässt sich bis in den Herbst hinein bei günstiger Körperstellung einigermaßen gut ausmachen. Doch auch hier ist Vorsicht geboten: Die Größe des Gesäuges wechselt stark, je nachdem, wann das Kitz zuletzt gesäugt wurde. Eine führende Gais ist allein anhand dieses Körpermerkmals also nicht immer einwandfrei anzusprechen.

Auch die Zuordnung, welches Kitz zu welcher Gais gehört, ist im Rudel oft schwierig und meist nur dann eindeutig, wenn gesäugt wird. Hier sind im Zweifel Geduld und Sitzfleisch gefragt.

Hinweise gibt es mitunter bei flüchtenden Tieren, wenn der enge Zusammenhalt zwischen Gais und Kitz sichtbar wird. Aber auch hier: Im allgemeinen Trubel kann es schon einmal passieren, dass ein Kitz den Anschluss zu seiner Mutter verliert oder diesen zumindest nicht gleich findet.

Verhalten

Das Verhalten hängt stark vom jeweiligen Charakter ab. Wie bei uns Menschen gibt es nämlich auch beim Steinwild Neugierige und Scheue, Nervöse und Gelassene. Und natürlich kommt noch die eigene Lebenserfahrung dazu und was man von älteren Stücken gelernt hat.

Unter den nachfolgenden Stichworten finden sich dennoch ein paar Hinweise, die beim Beobachten und Ansprechen hilfreich sein können.

Allein oder im Verband

Größere Verbände verhalten sich in der Regel vertrauter und weniger misstrauisch als Tiere, die allein oder in kleinen Gruppen unterwegs sind.

Zeitpunkt

Begegnet man etwa Böcken auf dem Wechsel von der Äsung zum Tageseinstand, sind sie oft sehr vorsichtig und misstrauisch. Doch wenn sich dieselben Böcke kaum eine halbe Stunde später in ihrem Einstand niedergetan haben, legen sie ein vertrauteres Verhalten an den Tag.

Gelände

In steilem und felsenreichem Gelände fühlt sich Steinwild besonders sicher. Von hoher Warte aus entdecken sie hier einen Eindringling rasch und können ihn gut im Auge behalten. Diese Gewissheit und ihre ausgezeichneten Kletterkünste lassen sie dort oft lange aushalten, ohne zu flüchten.

Fluchtdistanz

Jäger lauschen oft ungläubig Wanderern, die begeistert davon erzählen, dass sie bei ihren Bergtouren auch auf wenige Meter an die an sich misstrauischen Steingaisen herankamen – selbst bei ungünstigstem Wind. Dahinter steckt die Fähigkeit erfahrener Tiere, Körpersprache und auch Stimmlage von Jägern und Wanderern mit der Zeit gut zu unterscheiden. Dies ist für das Wild insofern auch wichtig, um in einem Lebensraum mit meist dichtem Wanderwege-Netz überhaupt noch genügend Einstände und Äsungsflächen nutzen zu können.

Flüchtet Steinwild schon auf große Entfernung – insbesondere Verbände mit Gaisen und Kitzen –, ist dies ein sicheres Zeichen dafür, dass der Jagddruck hoch ist.

Führung im Rudel

Beim Steinwild gibt es eigentlich keine fixen Leittiere. Sowohl bei Gais- als auch bei Bockrudeln übernehmen meist verschiedene ältere, in der Rangordnung weit oben stehende Tiere die Führung. In den Gaisenverbänden sind dies fast immer Kitzgaisen. Diese beobachten ihre Umgebung naturgemäß aufmerksamer und misstrauischer. Aber auch alte, nicht führende Gaisen lenken durch ihr Verhalten das Rudel.

Solche Tiere übernehmen auch in brenzligen Situationen – wie etwa beim Queren von lawinengefährdeten Gräben – die Führung des Rudels. Die jüngeren Stücke orientieren sich nicht nur stark am Verhalten der Alten, sondern schauen sich gleichzeitig auch viel von ihnen ab.

Jugendgruppen

Wenn sich die Steingaisen zum Setzen vom Rudel entfernen, schließen sich häufig sehr junge Stücke zu kleinen Gruppen zusammen. Diese ziehen bis zur Rückkehr zur Gais zwar meist in oder um die ihnen vertrauten Einstände, verhalten sich aber zum Teil sehr unterschiedlich: Während die einen auf Störungen unentschlossen oder gar neugierig reagieren, springen andere schon zeitig ab und machen weite Fluchten.

Böcke

Ein Steinbock braucht bis zu 10 Jahre, um völlig ausgewachsen zu sein. Je nach Lebensabschnitt ändert er dabei sein Verhalten und passt auch seine Gewohnheiten an – etwa, wie lange er ruht und wo und wann er äst. Allein aus diesem Grund macht es Sinn, dass sich etwa gleich alte Böcke zu Gruppen zusammenschließen, die ähnliche Lebensrhythmen haben.

2- und 3jährige Böcke sind sowohl in Gaisenverbänden als auch bereits in Bockgruppen anzutreffen. In der Rangordnung stehen sie im Sommer bereits über den Gaisen, während der Brunft gibt aber die Gais die Richtung vor. Diese Böcke wirken oft unsicher, versuchen zwar eigene Entscheidungen zu treffen, orientieren sich schlussendlich aber gern am Verhalten älterer Stücke. Unter solchen jungen Tieren kommt es zudem häufig zu spielerischen Auseinandersetzungen, um die Rangordnung festzulegen.

Böcke, die gerade von den Gais- zu den Bockrudeln wechseln, sind noch sehr unstet. Sie schließen sich zwar gern älteren Böcken an, gehen dann aber wieder eigene Wege. Bei kleinen Gruppen von Steinwild, die sich im Sommer weit von ihren angestammten Einständen aufhalten, handelt es sich oft um genau solche jungen Böcke.

Mittelalte Böcke erkennt man kurz vor und während der Brunft häufig an ihrem Verhalten: Auf der Suche nach brunftigen Gaisen tauchen sie einzeln in Gebieten auf, die Steinwild normalerweise selten nutzt. Ihre Wanderungen erklären sich dadurch, dass in altersmäßig gut strukturierten Beständen selbst 8jährige Böcke noch kaum zum Beschlag kommen. Für das Brunftgeschehen spielen aber gerade diese mittelalten Böcke eine wichtige Rolle, da sie durch ihr zeitig beginnendes und ständiges Werben die Gaisen in Stimmung bringen.

Die reifen Böcke mit 10 Jahren und älter halten zu Beginn der Brunft meist noch Abstand und greifen erst später ins Geschehen ein. Oftmals sind sie noch gar nicht vor Ort. Diese erfahrenen Herren wissen sehr genau, wann sie bei den Gaisen sein müssen. Vermutlich können sie aus einiger Entfernung gut einschätzen, in welcher Phase sich die Gaisen gerade befinden. Mit ihrem punktgenauen Erscheinen gehen sie gleichzeitig Auseinandersetzungen aus dem Weg. Erfahrene Steinwildbeobachter werden mit Sicherheit schon einmal Folgendes erlebt haben: Mitte bis Ende Dezember taucht wie aus dem Nichts ein älterer Bock im Einstand auf, der bereits nach wenigen Tagen wieder spurlos verschwindet.

Die Gaisen selbst erkennen das Alter eines Bockes nicht nur an Horn, Gewicht oder Körperbau, sondern wohl auch an der meist auffallend dunklen Färbung reifer Steinböcke zur Brunft. Auftreten und Verhalten eines reifen Bockes tragen das Restliche dazu bei.

Wirklich alte Böcke bevorzugen das ruhige Leben, oft etwas abseits des Rudels. Aber auch sie sind keine Einzelgänger, sondern teilen diese Einstände immer wieder mit anderen Tieren. Im Sommer und Herbst sind sie verhältnismäßig standorttreu, unternehmen in der Brunft aber manchmal noch überraschend weite Wanderungen.

Mit zunehmendem Alter treten gerade bei Böcken ihre individuellen Charaktere und Launen deutlicher in Erscheinung.

Rangordnung unter Böcken

Im Frühjahr sind Kämpfe und Rangeleien von Böcken in allen Altersklassen zu beobachten. Im Lauf des Jahres verlagern sich diese Auseinandersetzungen aber immer stärker zu Böcken der Jugend- und unteren Mittelklasse hin. Diese Halbstarken verhalten sich deutlich aggressiver untereinander, wenngleich auch oft nur in eher spielerischen Geplänkeln.

Je älter Böcke werden, desto mehr vermeiden sie den direkten Kampf. Sie versuchen Rivalen bereits mit Imponiergehabe und Drohgebärden einzuschüchtern – oder einem übermächtigen Gegner ganz einfach auszuweichen.

Durch Beobachten, aber auch durch spielerische Rangeleien und Berührungen mit älteren Tieren, lernen und übernehmen junge Böcke nach und nach diese ruhigere Art, mit Konflikten umzugehen. Je älter ein Bock wird, desto ruhiger wird in der Regel auch sein Lebensstil und desto klarer ist die Rangordnung untereinander, auch weil sich Böcke über die Jahre immer besser kennenlernen.

Gaisen

Jüngere Gaisen erwecken oft den Eindruck, als müssten sie sich erst zurechtfinden: Bei ihnen wechselt Neugier oft unvermittelt mit überhasteter Flucht. Sie richten ihr Verhalten sehr an älteren Stücken aus und hängen sich diesen an. Gleichzeitig weichen sie ranghöheren Stücken meist aus oder werden von diesen durch Drohgebärden oder kurze Hornschläge zurechtgewiesen.

Alte Gaisen stehen oft etwas abseits des Rudels und folgen diesem mit Abstand. Selbst wenn dabei der Eindruck entsteht, dass diese Stücke nur wenig am Geschehen innerhalb der Gruppe beteiligt sind, beobachten jüngere Stücke die Entscheidungen dieser erfahrenen Tiere oft genau und orientieren sich daran.

Selbst, wo gejagt wird, zeigen sich mitunter alte Gaisen, die wenig schlechte Erfahrungen gemacht haben, durchaus vertraut. Vorsichtiger und misstrauischer sind vor allem führende Tiere.

Hörner

Auch wenn die mächtigen Hörner des Steinbockes besonders ins Auge stechen, spielen diese als Stirnwaffe eine untergeordnete Rolle. Sie sind vielmehr optische Rangabzeichen, die ernsthafte Auseinandersetzungen untereinander vermeiden.

Das folgende Kapitel fasst das Wichtigste zusammen, was man über die Hörner bei Bock und Gais wissen sollte.

Aufbau und Wachstum

Das Horn besteht aus dem knöchernen Stirnzapfen und einer Hornscheide, die durch gut durchblutetes Gewebe miteinander verbunden sind. Der Stirnzapfen beginnt bald nach der Geburt aus dem Stirnbein heraus zu wachsen, und bereits nach wenigen Wochen sind die Hörner bei den Kitzen erkennbar.

Das Horn wächst ein Leben lang, allerdings jedes Jahr immer nur von Frühjahr bis Spätherbst. In dieser Zeit wird an der Basis Horn angelagert, das die bereits aus den Vorjahren vorhandene Horntüte nach oben schiebt und so immer länger macht. Die obere Spitze stellt daher den ältesten Teil des Hornes dar und kann gerade bei älteren Stücken – vor allem Böcken – bereits stark abgenutzt sein.

Zwischen Bock und Gais bestehen große Unterschiede beim Gehörn. Während die Hörner der Gaisen eher dünn und selten über 35 Zentimeter hoch werden, erreichen die viel stärkeren Hörner der Böcke vereinzelt Längen von über einem Meter und ein Gewicht von bis zu 6 Kilogramm. Länge, Krümmung und Auslage können allerdings nicht nur von Kolonie zu Kolonie, sondern auch innerhalb einer Population stark schwanken.

Jahresringe

Das Hornwachstum wird im Spätherbst, fast immer im November, unterbrochen und erst im Frühjahr wieder fortgeführt. Grund für den Unterbruch sind vermutlich Veränderungen im Stoffwechsel: Ab Spätherbst sind körperliche Einsparungen aufgrund des nahenden Winters und der beginnenden Brunft lebensnotwendig. Zudem wird auch die Nahrung knapp, und die Energie kann nicht mehr in das Hornwachstum gesteckt werden.

Durch diesen Unterbruch entsteht am Horn jedes Jahr ein sogenannter Jahresring, der mehr oder weniger stark ausgeprägt ist. Mit Hilfe der Jahresringe kann das Alter des jeweiligen Tieres exakt bestimmt werden (siehe Foto Seite 78 oben).

Am schwersten erkennt man den ersten Jahresring. Die noch eher weichen Schläuche des Kitzes werden abgestoßen, und erst die darunter liegende Hornmasse bleibt als späteres Dauerhorn sichtbar.

Einflüsse auf das Wachstum

Bei der Länge der einzelnen Jahresschübe haben die Witterung und das damit verbundene Nahrungsangebot wesentlichen Einfluss. So schlagen sich äsungsarme, kalte Jahre im Hornzuwachs bei fast allen Böcken innerhalb einer Population ungeachtet ihres Alters nieder.

Auch die Steinwilddichte in einem Lebensraum wirkt sich auf das jährliche Hornwachstum aus. Steinwild kann zwar von seiner Biologie her in hohen Dichten zusammenleben, reagiert darauf aber mit geringeren Gewichten und ebenfalls kürzeren Jahresschüben.

Je nach Angebot und Qualität der Nahrung kann das Hornwachstum im Frühjahr zeitiger oder verzögert beginnen. Auch Krankheiten oder Verletzungen spielen eine Rolle. Mitunter wird das Hornwachstum sogar ganz eingestellt. Dabei entstehen sogenannte Stressfurchen (siehe Foto Seite 94 oben), die Jahresringen zwar ähnlich sehen, mit einiger Erfahrung aber gut von diesen zu unterscheiden sind.

Kitzgehörn

Schon in den ersten Lebensmonaten – aber immer auch abhängig vom Setzzeitpunkt und von individuellen Schwankungen – lassen sich erste Unterschiede in der Hornentwicklung zwischen Bock- und Gaiskitz erkennen. So sind die Hörner der Bockkitze meist etwas stärker und weisen eine leichte Krümmung nach hinten und eine leichte Neigung nach außen auf. Im Gegensatz dazu ist das Gehörn der Gaiskitze meist dünner, gerade oder gar die Spitze leicht nach vorne gebogen und nach innen geneigt.

Mit einiger Sicherheit und auf kurze Entfernung kann man das Geschlecht anhand des Hornes aber erst ab Mai oder Juni – also erst am Ende des ersten Lebensjahres – erkennen.

Jährlingsgehörn

Ab dem Jährlingsalter entwickelt sich das Horn der Böcke vom Umfang her stärker als bei der Gais. Zudem sind am Ende des Jährlingsjahres meist eine schwache und eine gut ausgebildete Schmuckleiste bei gutem Licht sichtbar. Allerdings kann dies wie in den Folgejahren variieren und statt der häufig zwei Schmuckleisten pro Jahresring können auch nur eine oder drei vorhanden sein.

Im Gegensatz dazu weisen die Hörner der Jährlingsgais keine deutlichen Schmuckleisten auf, sondern eine typische Rillung.

Bockgehörn

Das Horn des Bockes wandelt sich von oben nach unten von einem eher dreieckigen zu einem trapezförmigen Querschnitt. Bockhörner eignen sich – anders als bei Gaisen – ausgezeichnet für eine Altersansprache am lebenden Stück, da die Jahresringe häufig selbst auf größere Entfernungen gut zu erkennen sind. Am deutlichsten zu sehen sind diese seitlich oder an der Hinterkante als Einkerbungen im Horn.

Die größten Schübe finden beim Jährling und 2jährigen Bock statt. Danach nehmen die jährlichen Zuwächse stetig ab. Nach dem Jährlingsjahr bilden sich zudem an der Vorderseite des Horns jährlich durchschnittlich zwei Schmuckleisten aus. Die Anzahl der Schmuckleisten kann allerdings von Tier zu Tier unterschiedlich sein. Sie lassen auf einen schnellen Blick lediglich bis zum Alter von 5 bis 6 Jahren eine grobe Altersschätzung zu: Man zählt die markanten Schmuckleisten und dividiert sie durch 2. Als einfache Regel kann man sich auch merken, dass die Stelle am Horn nach der dritten voll ausgebildeten Schmuckleiste den Bock mit dem vollendeten 2. Lebensjahr markiert.

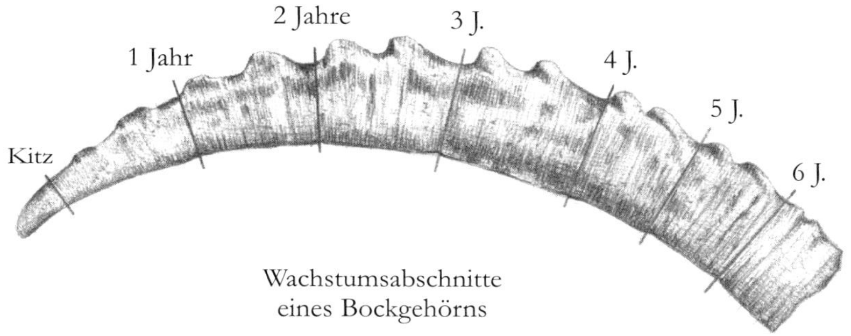

Wachstumsabschnitte eines Bockgehörns

Etwa ab dem 6. oder 7. Lebensjahr sind die Schmuckleisten aber immer weniger stark ausgeprägt und haben mit zunehmendem Alter immer mehr das Aussehen von Rillen. Dadurch wird bei Böcken ab diesem Alter auch das Haupt gerader: Die vor dem Schieben bereits unter der Decke gebildeten schwächeren Schmuckleisten wölben die Stirn nicht mehr so stark (siehe Foto Seite 77 oben).

Sind die jährlichen Schübe bereits deutlich breiter als lang, kann man davon ausgehen, dass der Bock mindestens 8 Jahre alt ist. Bei wirklich alten Böcken lässt sich aufgrund der kurzen Schübe das genaue Alter erst mit Sicherheit am erlegten oder gefundenen Tier feststellen.

Bei alten Böcken ist zudem häufig die Hornspitze stark abgenutzt, mitunter tragen die Hörner oder Schmuckleisten auch Spuren von Kämpfen, Steinschlag oder eines Absturzes (siehe Foto Seite 94 Mitte).

Die Hörner dienen dem Bock nicht nur als Rangabzeichen und Waffe, sondern auch als Kopfstütze beim Ruhen und – gerade im Frühjahr – als Kratzhilfe für juckende Körperstellen.

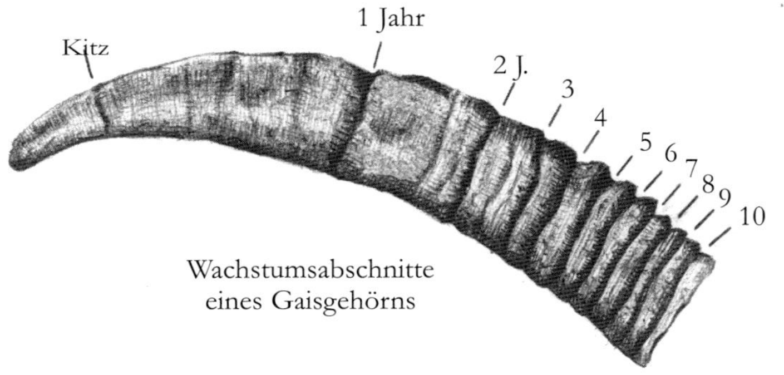

Wachstumsabschnitte eines Gaisgehörns

Gaisgehörn

Die Schläuche der Gais haben einen ovalen Querschnitt. Nach dem Jährlingsjahr ist noch einmal ein größerer Schub erkennbar, danach folgt meist ein etwa 2 bis 3 Zentimeter breiter Ring.

Abgesehen von jungen Stücken eignen sich Gaishörner nur wenig für die Altersansprache. Daher macht es gerade bei den Gaisen Sinn, vor allem auf die Gesamterscheinung zu achten.

Etwa 2jährige, noch schmächtig wirkende Gaisen haben im Normalfall ein wenig kürzere Hörner als die körperlich reifer wirkenden 3jährigen Stücke, die im Herbst meist bereits in die Brunft gehen. Ab diesem Alter werden allerdings auch die jährlichen Hornschübe geringer, und es gilt umso mehr, den Blick auf den Körper zu richten.

Ab dem 4. Lebensjahr, wenn die Gais in der Regel ihr erstes Kitz gesetzt hat, sind die Hornzuwächse nur mehr sehr kurz. Größere Zuwächse zeigen sich nur mehr in jenen Jahren, wo kein Kitz geführt oder dieses früh verloren wurde. Umgekehrt kann das kräftezehrende Setzen und Führen von Kitzen bei älteren Stücken das Hornwachstum nachhaltig beeinträchtigen. Kurz: Das Gehörn von Gaisen, die älter als 4 Jahre sind, ist für eine Altersansprache nur mehr schlecht geeignet. Denn selbst am erlegten oder gefundenen Tier lässt sich das Alter anhand des Gehörns nicht immer einwandfrei feststellen, wenn sogenannte „Trächtigkeitsfurchen“ ausgebildet sind.

Teufelshörner

Gelegentlich treten auch sogenannte Teufelshörner auf: Dabei beginnt ein Horn stark nach außen zu kippen. Auch beide Hörner können betroffen sein. Die Ursache dürften Erreger sein, die im Bereich der Jahresringe ins Innere des Horns gelangen und dort die Stirnzapfen angreifen und aufweichen. Teufelshörner werden meist erst im höheren Alter – und da fast nur bei Böcken – erkennbar, da der Druck auf den Stirnzapfen dann aufgrund des größeren Gewichtes der Horntüte höher ist als bei jüngeren Tieren (siehe Fotos Seite 93).

Wiedererkennung

Abgesehen davon, dass ein abgebrochenes Horn oder eine markante Form oder Stellung der Hörner einen hohen Wiedererkennungswert hat, schaut man bei einem Bock am ehesten auf die Schmuckleisten. Ausformungen oder Abstände zueinander können oft wertvolle Hinweise bieten (siehe Foto Seite 85 oben), ob man das Stück bereits aus früheren Jahren kennt. Natürlich muss man dabei immer den Blickwinkel berücksichtigen, aus dem man den Bock gerade anspricht.

Bei Gaisen wird das Wiedererkennen anhand des Hornes – abgesehen von wirklich markanten Kennzeichen – ungleich schwieriger. Hier schaut man besser auf Wildkörper, Deckenfärbung oder gar Charaktereigenschaften, um alte Bekannte einwandfrei wiederzuerkennen. Gerade bei Gaisen ist dabei auch ihre Standorttreue von Vorteil.

Zähne

Ähnlich wie beim Körper braucht Steinwild auch beim Gebiss lange, bis es fertig entwickelt ist. Dies ist ein weiterer Hinweis dafür, dass es sich um eine Wildart handelt, die von Natur aus ein hohes Alter erreichen kann.

Zahnformel

Erwachsene Böcke und Gaisen haben im Dauergebiss 32 Zähne. Je Kieferast gibt es 6 Backenzähne: 3 Vordere Backenzähne („Prämolar" = P) und 3 Backenzähne („Molar" = M).

Im Unterkiefer des Steinwildes gibt es insgesamt 6 Schneidezähne („Incisivo" = I) und 2 vorgerückte Eckzähne (C für „Caninus"), die als solche nicht mehr erkennbar sind, sondern die Schneidezahnreihe außen abschließen.

Vorn im Oberkiefer hat Steinwild eine zahnlose, harte Kauplatte, im Unterkiefer besteht zwischen den Schneidezähnen und den Prämolaren ein breiter Zwischenraum.

Die Zahnformel für das Dauergebiss lautet daher:

Oberkieferast:	0 I	0 C	3 P	3 M	x 2 = 12
Unterkieferast:	3 I	1 C	3 P	3 M	x 2 = 20

Zahnwechsel

Das Kitz weist zunächst 20 Milchzähne auf. Der dritte Prämolar (P 3) ist wie bei anderen Schalenwildarten zunächst noch dreiteilig. Im Herbst des ersten Lebensjahres sind die ersten Molaren (M 1) zumeist durchgebrochen, mit rund eineinhalb Jahren die zweiten (M 2) und spätestens ein Jahr darauf dann die dritten (M 3). Zu diesem Zeitpunkt sollte auch der Wechsel der Prämolaren im Gange oder bereits abgeschlossen sein – der dritte

Prämolar (P 3) der bleibenden Zähne ist daher – mit etwa zweieinhalb Jahren – zweiteilig.

Der Wechsel der Schneidezähne erfolgt von innen nach außen: Die mittleren Schneidezähne (I 1) werden zumeist mit einem guten Jahr gewechselt, mit zwei bis zweieinhalb Jahren das nächste Paar (I 2), und schließlich im Alter von etwas mehr als drei Jahren sollten auch die äußeren drei Schneidezähne (I 3) gewechselt sein. Der vorgerückte Eckzahn (C), der die Schneidezähne außen abschließt, wird als letzter mit dreieinhalb bis vier Jahren gewechselt.

Der Zahnwechsel des Steinwildes beginnt mit etwas über einem Jahr und ist mit dreieinhalb bis vier Jahren abgeschlossen.

Steinwild besitzt harte, bis ins hohe Alter funktionsfähige Zähne. Bei der Altersansprache spielen die Zähne bei einem erlegten oder gefundenen Stück aber so gut wie keine Rolle, da ohnehin die Jahresringe am Horn schnell und sicher Auskunft geben. Die Abnutzung der Schneide- und Backenzähne lässt nur eine ungefähre Schätzung des Alters zu.

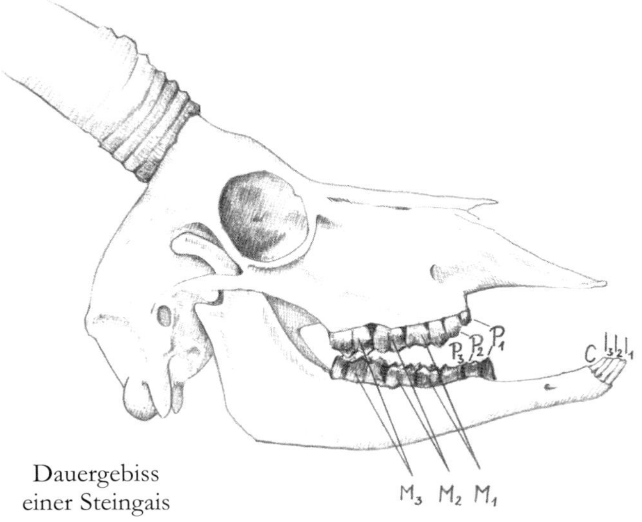

Dauergebiss
einer Steingais

Vor dem erlegten Wildtier

Liegt Bock oder Gais vor einem, sprechen zunächst die Hörner Bände. Der erste Blick wandert daher mit Sicherheit zu den Jahresringen, ob das aus der Ferne angesprochene Alter hält. Gerade das dichte, längere Winterhaar am Haupt kann da noch den ein oder anderen versteckten Jahresring preisgeben.

Spannend sind auch die Hornzuwächse: Oft spiegeln sich Verletzungen, Krankheiten oder einfach nur harte Witterung in einzelnen Jahren deutlich wieder. Bei Gaisen lässt sich mitunter auch herauslesen, in welchen Jahren ein Kitz geführt wurde oder nicht.

Bei Fallwild ermöglicht der Hornzuwachs an der Basis auch brauchbare Rückschlüsse, wann es ungefähr verendet ist. So deutet ein abgeschlossener Jahresring darauf hin, dass das Stück wohl dem Winter zum Opfer gefallen ist. Anhand eines begonnenen Jahresschubes kann man zumindest grob schätzen, in welcher Jahreszeit das Stück verendet ist (siehe Foto Seite 95 oben).

Bei Fallwild mit bereits ausgebleichtem Horn liegt der Tod mit Sicherheit länger als ein Jahr zurück.

Bei erlegten Gaisen untersucht man das Gesäuge, um sicher zu sein, dass das Stück tatsächlich kein Kitz geführt hat. Bei Gaisen, die ihr Kitz verloren haben, ist bereits nach etwa 5 bis 7 Tagen der Milchfluss versiegt und das Gesäuge zurückgebildet.

Im Winterhaar tastet man bei erlegtem Steinwild auch häufig noch vor dem Aufbrechen die Dornfortsätze der Wirbelsäule sowie die Hüfthöcker ab. Lassen sich die Knochen deutlich ertasten, weiß man, dass das Stück nicht gut beisammen war. Dichtes Winterhaar kann nämlich über einen nicht so guten körperlichen Zustand hinwegtäuschen.

Wer es noch genauer wissen will, untersucht beim Aufbrechen den Bereich um die Nieren und den Netzbereich um das Kleine Gescheide, wo ein wesentlicher Teil des Depotfetts eingelagert sein sollte.

Im Auge sollte man auch die Lichter haben. Angeschwollene Lider, eitriges Sekret oder sogar schon Trübungen können deutliche Hinweise auf eine beginnende Blindheit sein.

Unter Umständen bietet auch weiche Losung Rückschluss darauf, dass das Stück nicht gesund war. Stark ausgewachsene Schalen wiederum deuten indirekt auf eine Erkrankung hin, da sich solche Tiere meist nur noch auf engstem Raum bewegt und die Schalen nicht mehr abgenutzt haben.

Gerade bei Steinwild ist ein rasches Aufbrechen auch im Winter aufgrund des dichten Haarkleids und der guten Isolation durch das Fettgewebe in der Unterhaut ganz wesentlich, damit das Wildbret nicht verdirbt. Und wie bei anderen Schalenwildarten auch achtet man dabei auf etwaige Organveränderungen.

Lohnend beim Aufbrechen von älteren Stücken ist mit Sicherheit ein genauer Blick ins Herz. Unter Umständen befindet sich dort ein bis zu zweieinhalb Zentimeter großes Herzkreuz: ein verknöcherter Knorpel in der Scheidewand der Herzvorkammern, der – oft nur mit etwas Fantasie – an eine Kreuzform erinnert (siehe Foto Seite 95 Mitte). Und wer den Pansen genauer unter die Lupe nimmt, findet dort eventuell Bezoarkugeln (siehe Foto Seite 95 unten). Diese entstehen größtenteils aus unverdaulichen Pflanzenteilen und Haaren, die mit der Nahrung aufgenommen werden und im Pansen verbleiben. Durch die ständigen Muskelbewegungen des Pansens werden sie abgeschliffen und weisen so häufig eine glatte, porzellanähnliche Oberfläche auf. Bezoarkugeln können beim Steinwild mitunter fast faustgroß werden.

3. Bildteil

Mittelalter Steinbock im August.

Vom Lebensraum über die körperliche Entwicklung bis zum Hornwachstum – der folgende, umfassende Fototeil liefert die aussagekräftigen Bilder zu den vorhergehenden Kapiteln und zeigt auch, worauf man schauen sollte, will man Steinwild sicher ansprechen.

Wintereinstand.

Sonnseitig, großer Felsanteil, windexponiert – und das Ganze auf mehrere hundert Höhenmeter verteilt. Hier fühlt sich Steinwild im Winter zu Hause.

Sommereinstand.

Im Sommer braucht Steinwild saftige Matten für die Äsung, schattigen Fels als Rückzugsgebiet und windexponierte Grate.

Der Sonne entfliehen.

Dieser 7- bis 8jährige Bock im Sommerhaar wechselt Ende Juli nach dem Äsen in den höher gelegenen Tageseinstand, wo er Kühlung findet.

Waghalsiger Wanderer.

Kurz vor der Brunft lotet dieser mittelalte Bock aus, wo er die besten Chancen hat. Er ist allein und nimmt dabei weite und gefährliche Strecken auf sich.

Gaisenrudel im Schnee.

Bei lawinengefährlichen Querungen übernimmt meist eine erfahrene Gais die Führung. Auf den aperen Stellen suchen andere Tiere nach Äsung.

Lager im Geröll.

Hier hat sich ein Rudel ausgeruht. Der Boden wurde mit dem Vorderlauf aufgescharrt, am bräunlichen Felsbrocken links findet sich noch Losung.

Kratzen und Reiben.

Diesen 7jährigen Bock juckt beim Haarwechsel im Mai die Decke.

Fege- und Schlagstellen.

Ähnlich wie bei Rot- oder Rehwild sehen die bearbeiteten Sträucher und Bäume aus: das Horn hinterlässt deutliche Spuren an der Rinde.

Beschlagene Gaisen.

Zwei Gaisen – links 4 bis 5 Jahre, rechts 5 bis 6 Jahre alt – sind Ende Mai mit drei Vorjahreskitzen unterwegs, die schon demnächst Jährlinge werden.

Beschlagen oder nicht?

Die linke 4jährige Gais ist Anfang Juni vermutlich noch beschlagen, die rechte, etwa 5- bis 6jährige hat vermutlich gesetzt: Man sieht das Gesäuge.

Sichere Kinderstube.

Die ersten Wochen verbringen Gaisen mit dem Nachwuchs im sicheren Fels. Ein zweites Kitz ist gut getarnt links von der 3- bis 4jährigen Gais gebettet.

Gut sichtbares Gesäuge.

Das Gesäuge dieser 15jährigen Gais ist hier deutlich zu sehen. Anders als bei den Gams haben Steingaisen nicht vier, sondern lediglich zwei Zitzen.

2jährige Gais.

Ende Juni: Die schlanke, hochläufige Figur, der kurze Schädel mit frechem Ausdruck und der dünne Träger verraten hier die noch sehr junge Gais.

3- bis 4jährige Gais.

Der Körper ist bereits etwas massiger und stämmiger. Außerdem ist das Haupt bei dieser Gais schon länglicher und die Stirnlinie flacher.

5- bis 6jährige Gais.

Der Körper ist bereits ausgereift, das Haupt ist hingegen noch eher jugendlich. Hilfreich beim Ansprechen von Gaisen ist auch ihre Standorttreue.

13- bis 14jährige Gais.

Langes Gesicht, müder Ausdruck, dazu ein stämmiger Körper und ein tief getragenes Haupt mit eingesatteltem Träger – kein Zweifel, die Gais ist alt.

Drei junge Gaisen.

Hier ziehen zwei 3jährige Gaisen, dahinter eine 2jährige. Alle drei haben noch einen jugendlichen Körper und ein kurzes Haupt mit spitzem Äser.

Weibliche Hauptstudie.

Je älter, desto länger wird das Haupt und desto flacher die Stirn. Hier Mitte Mai gut zu sehen – links beginnend: Gaisen mit 2, 5, 7-8 und 4 Jahren.

Weibliche Körperstudie.

Ende Mai, von links: eine 7jährige mit stärkerem Träger und Haupt; eine kindliche 3jährige; 4- bis 5jährige mit kurzem Haupt, aber schon Vorschlag.

Alte Gais.

Massiger Körper, langes Haupt und am Rande des Rudels: Diese Gais ist bereits 15 Jahre alt. Hier geben die langen Hörner zusätzliche Sicherheit.

Bockjährling im Juni.

Die sichtbare Brunftrute macht es hier klar. Sonst würde auch das kurze Haupt samt stärkerer Hornbasis den Bockjährling verraten.

3jähriger Bock im Mai.

Junger Körper, kurzes Haupt und aufgewölbte Stirn sprechen für sich. In wenigen Wochen ist er – wie die beiden Böcke rechts – ein Jahr älter.

6jähriger Bock im Mai.

Stärkerer Träger, längeres Haupt und geradere Stirn, weil die Schmuckleisten, die unter der Decke gebildet werden, in diesem Alter bereits kleiner werden.

10jähriger Bock im Mai.

Als wuchtiger Kasten mit bereits deutlichem Vorschlag kommt dieser Bock daher. Auch er wird zu Beginn der Jagdzeit bereits 11 Jahre sein.

9jähriger Bock.

Ein Bock im Sommerhaar Anfang September mit gut erkennbaren Jahresringen: Der Vorschlag ist bereits vorhanden, die Rückenlinie noch gerade.

11jähriger Bock.

Bei diesem Bock Mitte August sinkt die Rückenlinie bereits ein. Er hat einen breiten Träger und einen deutlichen Vorschlag.

11jähriger Bock.

Derselbe Bock wie links unten drei Wochen später: Das Winterhaar macht ihn bereits dunkler. Gut zu erkennen: der breite Träger und der starke Vorschlag.

12- bis 14jähriger Bock.

Auch von weitem eindeutig: ein reifer Bock. Nicht nur die langen Hörner stechen ins Auge, sondern der Bock ist auch ein richtiger Kasten.

Bockrudel Ende Mai.

Ist der Schnee weg, sammeln sich die Böcke. Innerhalb des Rudels ziehen dann gerne ungefähr gleich alte Böcke in Gruppen gemeinsam.

Harmlose Rangelei.

Im Frühling geht es um die Rangordnung im Bockrudel. Die Jungen – wie hier – schieben noch mit halber Kraft, bei den Alten genügt Imponiergehabe.

Aufreiten.

Hier zeigt ein junger Bock Ende Mai einem Altersgenossen nach einer Auseinandersetzung, wer der Chef – und damit ranghöher im Rudel – ist.

Friedliches Miteinander.

Mitte August ist im Bockrudel die Rangordnung meist klar. Ältere Böcke sind jetzt auch an der dunkleren Decke zu erkennen, die jungen sind heller.

Drei Gaisen mit drei jungen Böcken.

Das zweite Stück von links ist ein 2jähriger Bock. Seine Decke ist noch ähnlich gefärbt wie die der Gaisen, wodurch er nicht aus dem Rudel heraussticht.

Jährlingsbock und nässende Gais.

Mitte September: Das dreieckig-kurze Haupt eines noch zierlichen Jährlingsbockes, rechts eine körperlich ausgereifte 6- bis 7jährige Gais.

2jährige Gais und Jährlingsbock.

Ende Juni ist der Jährlingsbock rechts oben noch körperlich schwächer als die 2jährige Gais links daneben. Darunter steht ein 5jähriger Bock.

Bockhaupt und Gaishaupt.

Hinten steht eine etwa 12jährige Gais mit langem Haupt und flacher Stirn, rechts ein 2jähriger Bock mit dreieckig-kurzem Haupt, links ein Bockjährling.

Lauscherspitze zum Wiedererkennen.

Bei diesem 6- bis 7jährigen Bock fehlt ein Stückchen Lauscherspitze. Außerdem ist ein Abstand zwischen zwei Schmuckleisten am linken Horn sehr eng.

Abgebrochenes Horn.

Ein schlafender 12- bis 13jähriger Bock, dem das rechte Horn wohl durch Steinschlag abgebrochen ist. Er ist ansonsten völlig gesund.

Fehlende Schmuckleiste.

Dieser 9jährige Bock hat am rechten Horn nach vier Schmuckleisten eine große Lücke – ein markantes Detail zum Wiedererkennen und Ansprechen!

Fehlende Lauscherspitzen.

Dieser 4jährige Bock hat kleine, runde, wahrscheinlich abgefrorene Lauscher. Die Schmuckleisten gleichen einander in diesem Alter meist noch sehr.

Langes Barthaar.

Selbst auf große Entfernung erkennt man bei diesem 5jährigen Bock Ende Juni die – nicht ausgefallenen – langen Kinnbart-Haare der Winterdecke.

Winterhaarreste.

Mitte Juli: Der 10jährige Bock im Vordergrund trägt auf dem Nasenrücken noch Reste des Winterhaares – oft ein Zeichen für reifere Böcke.

Haarwechsel.

Büschelweise – wie diesem bald 10jährigen Bock im frühlingshaften Schneeschauer – fällt Steinwild ab Ende April die Unterwolle des Winterhaares aus.

Kontrastreiches kurzes Sommerhaar.

Der Bock ganz rechts ist mit 3 bis 4 Jahren der jüngste des Rudels. Sein Bauch ist noch sehr weiß. Je älter, desto grauer wird später dieser Bereich.

Beginnendes Winterhaar.

Ende August: Das Winterhaar beginnt einzuwachsen. Die hinteren Böcke mit 7 und 11 Jahren sind dunkler als die vorderen mit 3 und 4 Jahren.

Deutlicher Farbunterschied.

Der 7jährige Bock im Vordergrund hat Mitte September eine viel dunklere Decke als der etwa 3jährige, wesentlich hellere Bock im Hintergrund.

Fast fertiges Winterhaar.

Anfang Oktober hat dieser 6jährige Bock bereits eine dunkle Winterdecke. Seine Fettreserven sind jetzt deutlich erkennbar.

Bockgehörn.

Ein 9jähriger Bock Mitte Juni: In den ersten Jahren sind die Schmuckleisten noch stärker, ab dem 6. oder 7. Jahr meist nur mehr schwach ausgeprägt.

Gaisgehörn.

Gais mit mindestens 13 zählbaren Jahresringen. Gaisen haben Rillen statt Schmuckleisten. Die ersten zwei Schübe nach dem Kitzalter sind die längsten.

Beginnendes Wachstum.

Schlafender 6jähriger Bock Mitte Juni: Man erkennt einen dunklen Streifen an der Hornbasis – jene Hornlänge, die heuer bereits geschoben wurde.

Krümmung an den Jahresringen.

Mitte Juni hat dieser 12jährige Bock gerade erst zu schieben begonnen. Die Krümmung entsteht größtenteils – hier sichtbar – im Bereich der Jahresringe.

Sichtbare Jahresringe.

Ein 12jähriger Bock Anfang Juni mit ausgebleichter Winterdecke, breitem Träger und ausgeprägtem Schrank. Der letzte Jahresring wird gerade sichtbar.

Teufelshorn.

Dieser etwa 10jährige Bock hat ein typisches Teufelshorn. Die seltsame Körperhaltung hat allerdings mit noch juckenden Winterhaarresten zu tun.

Beginnendes Teufelshorn.

Dieser etwa 9jährige Bock hat ein beginnendes Teufelshorn. Die seitliche Neigung verstärkt sich meist mit zunehmendem Alter und Horngewicht.

Stressfurche.

Meist nach zwei Schmuckleisten bildet sich ein Jahresring. Die Einkerbung hier (Pfeil) nach nur einer Schmuckleiste ist wohl eine Stressfurche.

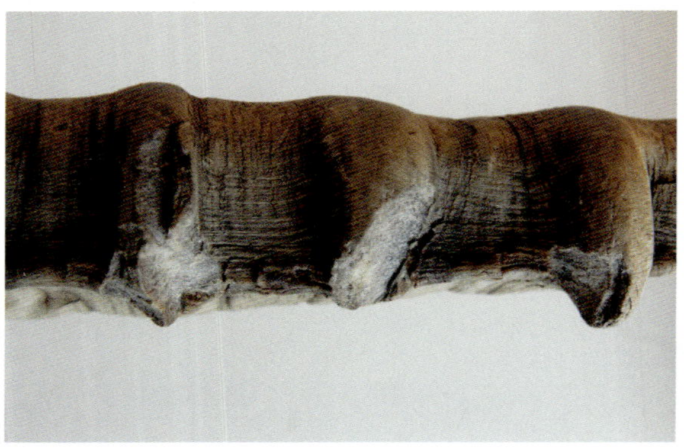

Abgeschlagene Schmuckleisten.

Dieses Horn trägt entweder deutliche Kampfspuren oder ist aber das Ergebnis von Steinschlag oder eines Absturzes.

Markante Hornstelle.

An lebenden Tieren sind solche Absplitterungen und Verformungen am Horn für die Wiedererkennung eines Bockes Goldes wert.

Fallwild. Der dunkle Wachstumsstreifen an der Hornbasis gibt Aufschluss: Dieses Stück Fallwild ist sicher nicht im Winter, sondern wohl rund um Juni verendet.

Herzkreuz. Ein verknöcherter Knorpel aus der Scheidewand der Herzvorkammern: das Herzkreuz. Für die Kreuzform braucht es meist etwas Fantasie.

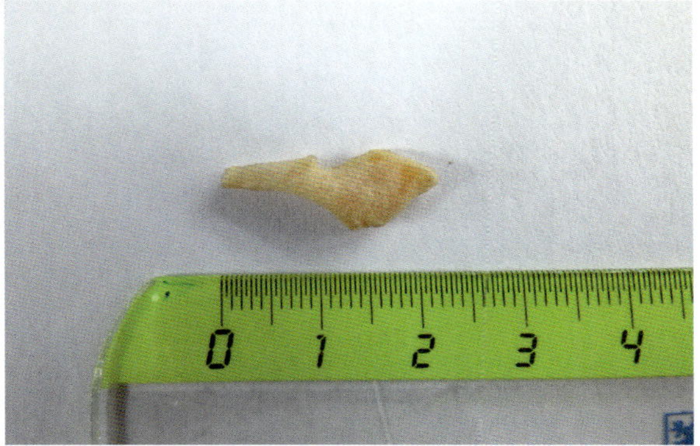

Bezoarkugel. Gar nicht so selten findet man im Pansen Bezoarkugeln. Diese hier ist eher klein und nur wenig glattgeschliffen. Sie kann bis zu faustgroß sein.

Ausblick.

Ein 10jähriger Steinbock Mitte August: Erst in diesem Alter nähert er sich seinem vollen Gewicht und wird zu einer wichtigen Stütze in einer gesund gewachsenen Steinwildpopulation.

Ein prachtvolles Wild, das unseren Alpen hoffentlich noch sehr lange erhalten bleibt …